Ben Stacy Jerrik (Ed.)

Boruty, Gmina Sypniewo

Ben Stacy Jerrik (Ed.)

Boruty, Gmina Sypniewo

Gmina Szamocin, Village, Gmina, Chodzież County, Greater Poland Voivodeship

Part Press

Publisher:
Part Press is a trademark of
International Book Market Service Ltd., 17 Rue Meldrum, Beau Bassin, 1713-01 Mauritius
Email: info@bookmarketservice.com
Website: www.bookmarketservice.com

Published in 2013

Printed in: U.S.A., U.K., Germany. This book was not produced in Mauritius.

ISBN: 978-613-9-20557-8

Contents

Articles

References

Bistum_Kerry

Bistum Kerry	
Basisdaten	
Staat	Irland
Metropolitanbistum	Erzbistum Cashel und Emly
Diözesanbischof	William Murphy
Fläche	5300 km²
Pfarreien	54 *(31.12.2007 / AP2009)*
Einwohner	136000 *(31.12.2007 / AP2009)*
Katholiken	130000 *(31.12.2007 / AP2009)*
Anteil	95.6 %
Diözesanpriester	116 *(31.12.2007 / AP2009)*
Ordenspriester	11 *(31.12.2007 / AP2009)*
Katholiken je Priester	1024
Ordensbrüder	24 *(31.12.2007 / AP2009)*
Ordensschwestern	270 *(31.12.2007 / AP2009)*
Ritus	Römischer Ritus
Liturgiesprache	Englisch
Kathedrale	St. Mary's Cathedral
Website	www.dioceseofkerry.ie [1]
Kirchenprovinz	

Das **Bistum Kerry** (ir.: *Deoise Chiarraí*, lat.: *Dioecesis Kerriensis*) ist eine in Irland gelegene römisch-katholische Diözese mit Sitz in Killarney.

Geschichte

Marienkathedrale von Killarney

Das Bistum Ardfert bestand wahrscheinlich schon seit dem 6. Jahrhundert und umfasste in seiner ursprünglichen Ausdehnung den nördlichen Teil des County Kerry. Schon vor der Synode von Rathbreasail 1111 wurde das Bistum Aghadoe inkorporiert, so dass sich die Diözese über das ganze County Kerry ausdehnte. Daher wird sie seit 1152, seit der Synode von Kells, als Bistum Kerry bezeichnet und dem Erzbistum Cashel als Suffraganbistum unterstellt. Als 1536 im Bistum die englische Reformation durch die Ernennung eines anglikanischen Bischofs durchgeführt wurde, wechselten nur zwei Priester zur römisch-katholischen Kirche. 1661 wurde das anglikanische Bistum Ardfert mit dem Bistum Limerick vereint. Die römisch-katholische Zuständigkeit für Ardfert ging etwa zur gleichen Zeit auf das *Bistum Kerry und Aghadoe* über. Am 20. Dezember 1952 wurde das Bistum Kerry (o Ardfert) und Aghadoe in *Bistum Kerry* umbenannt.

Die Ruine der Kathedrale in Ardfert

Siehe auch

- Liste der Bischöfe von Ardfert
- Liste der katholischen Bistümer
- Römisch-katholische Kirche auf der Insel Irland

Weblinks

- Homepage des Bistums Kerry [1] (englisch)
- Eintrag [2] zu *Bistum Kerry* auf *catholic-hierarchy.org* (englisch)

References

[1] http://www.dioceseofkerry.ie/
[2] http://www.catholic-hierarchy.org/diocese/dkerr.html

Römisch-katholische_Kirche

Oberhaupt

Papst Benedikt XVI.

Basisdaten	
Oberhaupt:	Papst Benedikt XVI. (Joseph Ratzinger)
Mitglieder:	1.181.000.000 (Stand: 2009)[1]
Priester:	408.000 (Stand: 2009)
Ordensleute:	815.237 (Stand: 2008)
Anschrift:	Via della Conciliazione 54 SCV-00120 Vatikanstadt
Website:	www.vatican.va [2]

Die **römisch-katholische Kirche**, Selbstbezeichnung **katholische Kirche** (griech. καθολικός *katholikos*, allgemein, über alles beziehungsweise alle herabkommend, allgemeingültig'), ist die größte Kirche innerhalb des Christentums.[3] Sie umfasst 23 Teilkirchen eigenen Rechts mit eigenem Ritus, darunter die nach Mitgliederzahl größte lateinische Kirche und die unierten Ostkirchen. Mit den anglikanischen, den altkatholischen und den orthodoxen Kirchen teilt die katholische Kirche alle sieben Sakramente einschließlich des Weiheamtes, aufgegliedert in Bischof, Priester und Diakon (Klerus). Unterscheidendes Merkmal ist die Anerkennung des Primats des römischen Bischofs über die Gesamtkirche. Der römisch-katholischen Kirche gehören weltweit etwa 1,181 Milliarden Mitglieder an.[1]

Zur Bezeichnung

Der Begriff „römisch-katholische Kirche" entstand im Gefolge der Reformation zur einfacheren Unterscheidung der gespaltenen christlichen Bekenntnisse. Gemeint ist die katholische Kirche, die den Primat des Papstes anerkennt. Da der römisch-katholische Kirchenbegriff eine konfessionelle Verfassung der Kirche wegen ihrer Singularität nicht kennt, lehnt sie diese Bezeichnung ab. Gleichwohl weisen Dokumente im ökumenischen Dialog wohl aus Vereinfachungsgründen bisweilen die Bezeichnung „römisch-katholisch" auf. Schließlich weist die Kirche durch die herausragende Stellung des Papstes in Rom ein „römisches" Element auf.

In der Regel bezeichnet sich die römisch-katholische Kirche selbst nur mit „katholische Kirche“ oder theologisch ausführlich als „die eine, heilige, katholische und apostolische Kirche“. Die Bezeichnung „lateinische Kirche“ bezieht sich auf die katholische Kirche des Abendlandes („Westkirche“) im Gegensatz zu den unierten Ostkirchen. Daneben wird die Bezeichnung „römisch-katholische Kirche“ sowohl in der Literatur als auch in Publikationen kirchlicher Stellen häufig als synonymer Ausdruck für „lateinische Kirche“ in der Gegenüberstellung zu den unierten katholischen Ostkirchen – entsprechend „griechisch-katholische Kirchen“, „syrisch-katholische Kirche“ und so weiter – verwandt; in diesem Sprachgebrauch bezieht sich „römisch“ auf den Ritus und gemeint ist nur die lateinische (westliche) Teilkirche.

Der Petersdom ist eine der wichtigsten Pilgerstätten der römisch-katholischen Kirche.

Im allgemeinen und amtlichen Sprachgebrauch, vor allem in westlichen Ländern, werden die Bezeichnungen „katholische Kirche“ und „römisch-katholische Kirche“ in der Regel synonym verwendet. In Deutschland ist die Bezeichnung „katholisch“ namensrechtlich geschützt und darf ohne unterscheidenden Zusatz als Bezeichnung nur für Einrichtungen und Veranstaltungen der römisch-katholischen Kirche benutzt werden.

Die katholische Kirche versteht sich theologisch als *die* katholische Kirche: Nach ihrer Auffassung kann es nur *eine* katholische, das heißt universelle Kirche Jesu Christi geben, und in ihr selbst ist diese *eine* Kirche auf so einzigartige Weise verwirklicht, dass es keine andere katholische Kirche geben kann.

Dies widerspricht dem Selbstverständnis einer ganzen Reihe von anderen Kirchen, die sich selbst als „katholisch“ verstehen, sei es, dass sie sich mit einem der katholischen Kirche ähnlichen Ausschließlichkeitsanspruch als *die* eine, wahre katholische Kirche sehen, sei es, dass sie sich als Teil einer weiter verstandenen katholischen Kirche sehen, die auch weitere konfessionell verfasste Kirchen umfasst. Solche Kirchen verwenden für die katholische Kirche in der Regel auch die Bezeichnung „römisch-katholische Kirche“.

Im altkirchlichen Sprachgebrauch war die Selbstbezeichnung *katholikos* immer exklusiv gemeint und schloss konstitutiv die volle Sakramentsgemeinschaft ein.

Gründung

Die römisch-katholische Kirche beruft sich traditionell auf die Gründung durch Jesus Christus selbst, insbesondere auf das so genannte „Felsenwort“ an den Apostel Petrus (Mt 16,18-19 [4]). Ob historisch tatsächlich von einem eigentlichen Kirchengründungsakt Jesu Christi ausgegangen werden kann, ist auch unter römisch-katholischen Theologen umstritten. Meist wird in heutiger Ekklesiologie ein Zusammenwirken von vorösterlichen Wurzeln (Jesu endzeitliche Sammlung des Gottesvolkes), einem österlichen Impuls (Kirche als Gemeinschaft derer, die dem auferstandenen Jesus Christus nachfolgen) und pfingstlicher Geistgabe (Kirche als Gemeinschaft, in der der Heilige Geist gegenwärtig ist) als Ursprung der Kirche angesehen.

Um die Jahre 30 bis 33 wird daher von der Entstehung der ersten Gemeinden, also der Urkirche, ausgegangen. Die römisch-katholische Kirche betrachtet sich mit dieser Urkirche in ununterbrochener Kontinuität stehend und nimmt auch die direkte Gründung durch Jesus Christus in Anspruch. Sie sieht diesen Zusammenhang institutionell, insofern die christliche Gemeinde von Rom traditionell als Gründung des Apostels Petrus angesehen wird, und der Papst als Bischof von Rom direkter Nachfolger Petri ist.

Das Selbstverständnis als mit der Urkirche in ununterbrochener Tradition stehend ist keine römisch-katholische Besonderheit, auch andere christliche Konfessionen berufen sich auf diese Tradition. Inwiefern dieses Selbstverständnis berechtigt ist oder nicht, war lange Zeit Gegenstand polemischer Kontroversen unter den Konfessionen und ist heute ein wesentlicher Punkt des ökumenischen Dialogs.

Geschichtliche Herleitung der Struktur

In der Urkirche gab es ursprünglich mehrere Modelle der Gemeindeleitung: Die Leitung durch einen Kreis der Ältesten (Presbyterverfassung, Jerusalem), die Betreuung durch Wanderprediger (Syrien) und die funktionale Gemeindeleitung (paulinische Gemeinden). Die Gemeindeleitung oblag ab ca. 80 n. Chr. den Bischöfen (v. griech. ἐπίσκοπος „Hüter, Aufseher"), wobei es sich anfangs um ein Kollektivorgan handelte, der Monepiskopat setzte sich erst ab dem zweiten Jahrhundert durch.[5] Das heute bekannte dreigliedrige System mit dem Bischof an der Spitze, den Priestern und den Diakonen als seinen Unterstützern bildete sich vom Ende des ersten bis zum zweiten Jahrhundert aus.[6]

Der Bereich eines Bischofs heißt im Westen Bistum oder Diözese (v. griech. διοίκησις „Verwaltung"), dabei übernahm die Kirche die im Römischen Reich damals üblichen Bezeichnungen für territoriale Gliederungen.

In den ersten drei Jahrhunderten bildeten sich die Kirchenprovinzen heraus. Eine Kirchenprovinz umfasst mehrere Diözesen, ihr Vorsteher heißt Metropolit. Der Sitz eines Metropoliten ist die Metropole (v. griech. Μητρόπολις „Mutterstadt"). Heute haben die Metropoliten der römisch-katholischen Kirche in der Regel den Rang eines Erzbischofs inne und stehen als Metropolitanerzbischof einem Erzbistum vor. Sie führen den Vorsitz in regionalen Bischofskonferenzen (z. B. die Freisinger Bischofskonferenz) und haben weitergehende Befugnisse auch über die dem Erzbistum untergeordneten Suffraganbistümer.

Bis 451 n. Chr. wurden die fünf „wichtigsten" Metropoliten von Rom, Konstantinopel, Alexandria, Antiochia und Jerusalem zu Patriarchen. Der Streit zwischen Rom und Konstantinopel führte dazu, dass sich die westliche Kirche schließlich im großen Morgenländischen Schisma von der östlichen (orthodoxen) trennte.

Das Patriarchat von Rom (oder: des Abendlandes, des Okzidents, der Westkirche) war das einzige westliche der fünf ursprünglichen altkirchlichen Patriarchate. Die übrigen bilden die altkirchlichen orthodoxen Patriarchate. Innerhalb der lateinischen Kirche gibt es zurzeit vier Patriarchen. Drei von ihnen stehen Diözesen mit Patriarchalsitz vor, einer steht als Erzbischof einem Erzbistum vor (vgl. ausführlich römisch-katholische Patriarchate).

Von den Patriarchen des Lateinischen Ritus (außer Jerusalem) sind die Patriarchen der mit Rom unierten Kirchen der östlichen Riten zu unterscheiden, die als Oberhaupt ihrer Kirchen eigenen Rechts (sui iuris) über die Ehrenrechte hinausgehende Vollmachten besitzen (Eigene Jurisdiktion). Eine gleiche Stellung wie die Patriarchen – bis auf den Ehrenvorrang – haben die Großerzbischöfe als Oberhäupter einiger unierter Kirchen.

Einige östliche Bistümer haben sich im Laufe der Geschichte mit Rom versöhnt (uniert), meist unter dem Einfluss weltlicher Herrscher wie etwa in Siebenbürgen und der Ukraine. Bis auf die syrisch-maronitische und die italo-albanische Kirche lassen sich alle unierten Kirchen einer orthodoxen oder orientalischen Herkunftskirche zuordnen, von der sie sich mit der Unterordnung unter den Papst abgespalten haben. Bedingt durch diese historischen Entwicklungen gibt es heute an manchen Orten mehrere Bischöfe, etwa einen orthodoxen Bischof, einen Bischof der mit Rom unierten Kirche und einen lateinischen Bischof. Die unierten Kirchen haben den Ritus ihrer Herkunftskirchen in der Regel behalten und werden entsprechend bezeichnet. So heißen beispielsweise Kirchen, deren byzantinischer Ritus auf die griechische Kultur des antiken Oströmischen Reiches zurückgeht, „griechisch-katholisch".

Gliederung in Teilkirchen eigenen Rechts

Die katholische Kirche besteht aus 23 Teilkirchen eigenen Rechts (eigener Ritus), deren weitaus größte die Lateinische ist. Die übrigen 22 Teilkirchen erstrecken sich auf die anderen Ritenfamilien; es sind andere Kirchen oder deren Teile, die sich im Laufe der letzten 1000 Jahre mit Rom versöhnt haben, ihren historisch gewachsenen Ritus aber beibehalten haben. Die Maroniten besitzen einen eigenständigen Ritus und sind als Ganze mit Rom uniert.

Äußeres Merkmal der Zugehörigkeit zur katholischen Kirche ist neben der gemeinsamen Glaubenslehre die Anerkennung des päpstlichen Primats, das heißt der spirituellen und juristischen Leitungsfunktion des Papstes. Dieser übt jedoch nur über die Lateinische Kirche patriarchale Gewalt aus; die übrigen Teilkirchen haben meist eigene Patriarchen oder Großerzbischöfe mit abweichender Jurisdiktion.

Volk Gottes

Das Zweite Vatikanische Konzil bezeichnete die Gemeinschaft der Glaubenden in der Kirche als das *Volk Gottes*.[7] In diese Gemeinschaft wird man durch die Taufe aufgenommen, die nach Lehre der Kirche dem Täufling ein unauslöschliches Siegel einprägt.[8] Jeder Katholik hat durch Taufe und Firmung Anteil an der Sendung der Kirche in die Welt (Laienapostolat).[9] Ungeachtet des besonderen Dienstes einiger Mitglieder der Kirche als Lehrer oder Hirten erkennt das Konzil eine „wahre Gleichheit in der allen Gläubigen gemeinsamen Würde und Tätigkeit zum Aufbau des Leibes Christi. Der Unterschied, den der Herr zwischen den geweihten Amtsträgern und dem übrigen Gottesvolk gesetzt hat, schließt eine Verbundenheit ein, da ja die Hirten und die anderen Gläubigen in enger Beziehung miteinander verbunden sind."[10]

Hierarchie

Als unverzichtbares Strukturelement wird das Petrusamt mit seinem Primatsanspruch angesehen, das gemäß katholischer Lehre von Petrus (Mt 16,18-19 [4]) auf alle seine Nachfolger im römischen Bischofsamt übergeht. Die katholische Kirche ist hierarchisch strukturiert; unter „Hierarchie" versteht man dabei die feste Struktur, gemäß der die Kirche durch geweihte Amtsträger geführt wird. In der katholischen Kirche ist das Weihesakrament den Männern vorbehalten (vgl. auch Frauenordination). Der Ortsbischof, der als örtlich verantwortlicher Teil der Hierarchie in den Ostkirchen denn auch „Hierarch" heißt, hat dabei für seinen Bereich die Leitungs-, Lehr- und Heiligungsgewalt. An allen drei Gewalten sind Kleriker sowie in eingeschränktem Maße besonders beauftragte Laien beteiligt.

Peter Paul Rubens: *Petrus als Papst* mit den „Schlüsseln des Himmelreiches"

Die höchste Autorität in der Weltkirche hat sowohl der Papst als auch das Bischofskollegium in Einheit mit dem Papst.

Der Papst ist Haupt des Bischofskollegiums und übt höchste, volle, unmittelbare und universale Jurisdiktion über die ganze Kirche aus. In seiner Rechtsausübung ist er nicht beschränkt (can. 331 CIC). Diese Gewalt wird auch als Primatialgewalt bezeichnet. Der Papst wird in seinen Aufgaben von der Bischofssynode und dem Kardinalskollegium beraten. Daneben existiert die Kurie als maßgebliches Organ für die Regierung der Kirche.

Das Kollegium aller Bischöfe ist Rechtssubjekt.[11] Nach neuerem Kirchenrecht ist es immer, also nicht nur während eines ökumenischen Konzils, Träger von Leitungsgewalt. Das Zweite Vatikanische Konzil und der CIC von 1983 schreiben dem Bischofskollegium höchste und volle Gewalt im Hinblick auf die ganze Kirche zu, die es gemeinsam mit dem Papst als dem Haupt des Bischofskollegiums ausübt. Eine Ausübung der Gewalt gegen den Papst ist dagegen nicht möglich.

Das *Ökumenische Konzil* ist eine Versammlung, auf der das Bischofskollegium seine Gewalt über die ganze Kirche in feierlicher Weise ausübt (can. 337 CIC). Ökumenische Konzilien müssen vom Papst einberufen werden, der das Präsidialrecht ausübt. Zudem brauchen die Beschlüsse die Zustimmung des Papstes, um gültig zu sein. Teilnahmeberechtigt sind in ordentlicher Weise alle, die die Bischofsweihe empfangen haben. Daneben sind in außerordentlicher Weise teilnahmeberechtigt jene, die von der höchsten Autorität zum Konzil berufen werden.[12] Die Berechtigung verpflichtet gleichzeitig zur Teilnahme.

Die höchste und volle Gewalt des Bischofskollegiums kommt nach can. 337 § 2 CIC auch durch kollegiale Beschlussfassung der an ihrem Ort verbliebenen Bischöfe zum Ausdruck („*Fernkonzil*"). Hier sind die Beschlüsse nur wirksam, wenn sie anschließend vom Papst promulgiert wurden. Im Gegensatz zum Ökumenischen Konzil ist jedoch keine Initiative des Papstes notwendig.

Unterhalb der höchsten Autorität der Weltkirche sind Teilkirchenverbände die im Verfassungsrecht der Kirche vorgesehenen Zusammenschlüsse von Teilkirchen (v. a. Diözesen). Sie dienen als Ausdruck der *Communio Ecclesiarum* dem Verhältnis von Gesamtkirche und Teilkirche.[13] Das Kirchenrecht behandelt unter den Kanones 432 bis 434 nur die Kirchenprovinz und die Kirchenregion, da nur diese Einrichtungen Rechtspersönlichkeit besitzen. Darüber steht jedoch die Bischofskonferenz, deren Gebiet jedoch nicht über Rechtspersönlichkeit verfügt.

Die *Bischofskonferenz* ist eine ständige Einrichtung der Bischöfe einer Nation, in der diese besondere Aufgaben gemeinsam beraten und beschließen. Für diese Ebene der Kirchenverfassung ist zudem die Einberufung eines Plenarkonzils möglich. Die Orientalischen Teilkirchen verfügen nicht über eine solche Einrichtung[14] .

Die *Kirchenregion* ist eine mögliche Zwischengliederung zwischen dem Gebiet einer Bischofskonferenz und einer Kirchenprovinz (can. 433 § 1 CIC). Auch diese Form ist im Recht der orientalischen Teilkirchen nicht vorgesehen.

Die *Kirchenprovinz* ist ein mehrere Teilkirchen umfassender Verband, dem ein Metropolit vorsteht. Auf der Ebene einer Kirchenprovinz kann ein Provinzialkonzil einberufen werden. Bis auf wenige Ausnahmen sind alle Teilkirchen in Kirchenprovinzen zusammengefasst. Rechtlich fassbare Befugnisse über die Teilkirchen besitzt der Metropolit jedoch nur in sehr eingeschränkter Weise.

Teilkirchen sind vor allem die Diözesen, aber auch deren Ersatzformen wie die Gebietsprälatur, die Territorialabtei, das Apostolische Vikariat, die Apostolische Präfektur und die Apostolische Administratur. Daneben kann es personal umschriebene Teilkirchen – sogenannte Personalprälaturen – geben, gegenwärtig das Opus Dei, die Militärordinariate und die Ap. Personaladministration in Campos.

Jeder Diözese steht ein Bischof vor, der als solcher Nachfolger der Apostel ist. Ihm kommt über seine Teilkirche die ganze Gewalt zu, mit Ausnahme dessen, was von der höchsten kirchlichen Autorität einer übergeordneten Instanz zugewiesen wurde[15] . Die Amtsgewalt der Bischöfe leitet sich nach can. 381 § 1 nicht vom Papst ab, die Bischöfe sind also keineswegs bloß „örtliche Vertreter des Papstes", sondern eigenberechtigte Leiter ihrer Teilkirche. Die bischöflichen Leiter einer Diözese werden präzisierend als Diözesanbischöfe bezeichnet, im Unterschied zu all jenen, die nur die Bischofsweihe empfangen haben, nicht aber eine Diözese leiten. Diese werden als Titularbischöfe bezeichnet und erhalten eine untergegangene Diözese als Titularbistum. Den Diözesanbischöfen rechtlich gleichgestellt ist jeder andere ordentliche Vorsteher einer Teilkirche, also alle Territorialäbte und -prälaten, Apostolische Vikare, Apostolische Präfekten und Apostolische Administratoren. Im Unterschied zu Bischöfen leiten letztere aber ihre Gewalt aus der päpstlichen Ermächtigung ab und könnten somit tatsächlich als dessen örtliche Vertreter bezeichnet werden.

Jede Teilkirche muss in Pfarreien untergliedert sein (can. 374 § 1 CIC). Ihr ist ein Priester als Pfarrer zuzuordnen. Neben territorial abgegrenzten Pfarreien gibt es in begrenzter Form auch Personalpfarreien, so etwa die Gemeinden für Katholiken anderer Muttersprache. Hinzu kommt die Kategorialseelsorge, also die Tätigkeit in Krankenhäusern, Schulen, Militärseelsorge, Jugendarbeit, Gefängnissen, Kurseelsorge. Auch die katholischen Hochschulgemeinden sind hier zu nennen.

Ein Verband von Pfarreien kann zu einem *Dekanat* zusammengefasst sein, dessen Vorsteher Dechant (auch: Dekan, Erzpriester) heißt. Der Dechant ist meistens ein Pfarrer des Dekanats, kirchenrechtlich muss er nur Priester sein. Er wird in der Regel durch den Ortsbischof und auf Zeit ernannt.

Für alle drei Weihestufen des Klerus – Bischof, Priester und Diakon – ist in der lateinischen Kirche der Zölibat regelmäßig vorgeschrieben. Eine Ausnahme bildet der Ständige Diakonat, der nach dem Zweiten Vatikanischen Konzil wiedereingeführt wurde. Eine Heirat ist jedoch nur vor der Weihe zum Ständigen Diakon möglich. In den unierten Kirchen gelten zum Teil andere Regelungen. Für das Bischofsamt wird der Zölibat verlangt, so dass Bischöfe zumeist dem Mönchsstand entstammen.

Kirchliche Vereinigungen

Das Kirchenrecht anerkennt verschiedene Formen des geweihten Lebens, neben den Instituten des geweihten Lebens auch Eremiten oder Anachoreten (CIC, Can. 603) und geweihte Jungfrauen (Can. 604). Abgesehen von Priestermönchen gehören die Mitglieder der verschiedenen Formen des geweihten Lebens nicht der Hierarchie an und werden nicht von der Kirche finanziell unterhalten.

Darüber hinaus gibt es auch zahlreiche Laiengemeinschaften, die vom Päpstlichen Rat für die Laien betreut werden. Hierzu zählen vor allem die zahlreichen geistlichen Gemeinschaften. Ebenso finden sich zahlreiche Jugendverbände; in Deutschland sind die meisten davon im Bund der Deutschen Katholischen Jugend (BDKJ) organisiert.

Zahlen zur römisch-katholischen Kirche

Land	Stand	Mitglieder	Anteil	Gottesdienstbesucher (Sonntagsmesse)	Anteil
Deutschland [16]	2010	24651001	30,2 %	3103000	12,6 %
Österreich [17]	2008	5579493	66,8 %	714203	12,8 %
Polen [18]	2008	35000000	95,0 %	15705000	44,8 %
Schweiz [19]	2000	3047887	41,8 %		
Niederlande [20]	2008	4269000	25,9 %	196000	7,1 %
Liechtenstein		26122	78,4 %		

Glaubensinhalte

Das Zweite Vatikanische Konzil hat betont, dass die kirchlichen Glaubensinhalte von unterschiedlichem Gewicht sind: „Beim Vergleich der Lehren miteinander soll man nicht vergessen, dass es eine Rangordnung oder Hierarchie der Wahrheiten innerhalb der katholischen Lehre gibt, je nach der verschiedenen Art ihres Zusammenhangs mit dem Fundament des christlichen Glaubens."[21]

- Dreifaltigkeit: Gott ist in drei Personen einer: Jesus Christus ist als Sohn Gottes eines Wesens mit Gott, dem Vater und Schöpfer der Welt, und wird mit ihm zusammen und dem Heiligen Geist als ein Gott angebetet und verherrlicht (siehe Menschwerdung Gottes). Durch den Tod am Kreuz und seine Auferstehung hat die zweite göttliche Person, der Sohn Gottes, die Sünden der Welt auf sich genommen und den Weg der Erlösung aus Sünde und Tod für alle Menschen geöffnet.
- Gottes Wirken in der Welt: Gott ist nicht nur der Schöpfer, sondern greift aus Liebe zu jedem einzelnen Menschen aktiv in die Welt ein (Erlösungshandeln); sein Wirken ist gemäß der Theodizee-Frage jedoch nach menschlichen Maßstäben nicht komplett begreifbar.
- Die katholische Kirche sieht sich in der Nachfolge der Apostel, deren Glaubensbekenntnis sie in der Kraft des Heiligen Geistes durch die Zeiten bewahrt, vertieft und angesichts neuer Fragestellungen klärt. Diese Tradition der Kirche, deren wichtigster und deshalb eigenständig genannter („die Heilige Überlieferung und die Heilige Schrift"), aber nicht einziger Teil die Bibel ist, bildet ihre Lehrgrundlage. Die apostolische Sukzession ist der Garant für die Apostolizität der Kirche sowie für die Bewahrung der Tradition. Sie besagt, dass die Bischöfe

durch eine ununterbrochene Kette von Handauflegungen in der Nachfolge der Apostel stehen.

- Sakramente:

Gott schenkt nach katholischer Lehre den Menschen das Heil durch die Sakramente. Die katholische Kirche kennt sieben Sakramente: Taufe, Firmung, Eucharistie, Beichte, Krankensalbung, Weihesakrament und Ehe. Mit Ausnahme der Taufe, die in Todesgefahr von jedem Menschen, der beabsichtigt, das zu tun, was die Kirche tut, gespendet werden kann, können die Sakramente nur in der und durch die Kirche vermittelt werden.

Die Jungfrau Maria mit Engeln, Gemälde von William Adolphe Bouguereau

- Endgericht und Leben nach dem Tod (Eschatologie): Die katholische Kirche erwartet das Wiederkommen Christi in Herrlichkeit und das Gericht über alle Menschen. Maßstab des Gerichts wird der Glaube und die nach dem Maß der Gaben verwirklichten guten Werke sein. Die Erlösten empfangen ewiges Leben in Gottesnähe („Schau" Gottes von Angesicht zu Angesicht, himmlisches Hochzeitsmahl). Jedem Menschen droht bei der Abkehr von Gott die ewige Verdammnis in der Hölle.
- Marien- und Heiligenverehrung: Menschen, die ihr Leben auf Christus hin geführt haben, können anderen Glaubenden als Vorbilder dienen. Unter den Heiligen dient besonders die Gottesmutter Maria als Vorbild, sie wird unter anderem als „Urbild der Kirche" verehrt. Die Heiligen gelten als Fürsprecher bei Gott, da man davon ausgeht, dass sie sich bereits in der Gemeinschaft mit Gott befinden. Die universale Heilsmittlerschaft Christi, auf den alle Heiligen verweisen, wird dadurch nicht in Frage gestellt, sondern unterstrichen. Die Prozesse der Selig- und Heiligsprechung der katholischen Kirche sind sehr umfangreich und können mehrere Jahrzehnte dauern. Dies gilt auch für die Anerkennung von Christus-, Marien- und Heiligenerscheinungen, auf die sich die Wallfahrtsorte gründen.
- In der katholischen Kirche sind Bitten für die Verstorbenen üblich. Verstorbenen, die sich noch im Läuterungszustand des Fegefeuers (Purgatorium) befinden, soll hiermit geholfen werden. Auch Ablassgewinnung, nicht nur für die Verstorbenen, gehört deshalb zur religiösen Praxis.

Morallehre

Die Morallehre der katholischen Kirche ist seit den Anfängen dadurch geprägt, an den Idealen der Bergpredigt festzuhalten und zugleich den Bedingungen der irdischen Realität Rechnung zu tragen. In früheren Jahrhunderten war regelmäßig der Vorwurf zu großer Laxheit Grund für Kritik und manchmal Begründung für Abspaltungen der Montanisten, Novatianisten, Donatisten, Katharer und Waldenser. Heute entzündet sich die Kirchenkritik meist an zu hohen und schwierigen Idealen, gepaart mit dem Vorwurf der Heuchelei und Doppelmoral, so zum Beispiel in Bezug auf Sexualität, aber auch auf eklektische und inkonsistente Auslegung der Bibel in Bezug auf Moral sowie inkohärente Anwendung dessen, was als Morallehre der katholischen Kirche bezeichnet wird. Im Rahmen des Bekanntwerdens von Missbrauchsfällen in römisch-katholischen Einrichtungen nahm diese Kritik zu.

Der Bergpredigt folgend sind die zentralen katholischen Wertsetzungen Liebe, Wahrheit, Gewaltlosigkeit, Besitzverzicht, Gerechtigkeit, Treue, Keuschheit. Die Umsetzung in kirchliches und, wo möglich, staatliches Recht geschieht in immer neuen Anläufen und unter innerkirchlichen und gesellschaftlichen Konflikten.

Lange waren Themen wie Eid, Wehrpflicht oder Kapitalismus umstritten. Hier ist die katholische Morallehre traditionell eher kompromissbereit.

Seit etwa 1968 steht mit der Enzyklika *Humanae Vitae* zeitgleich mit den soziokulturellen Umwälzungen fast ausschließlich die Ehe- und Sexualmoral im Mittelpunkt der Beachtung und Auseinandersetzung. Das kirchliche Lehramt hat sich immer wieder eindeutig im Sinn der Zusammengehörigkeit von Sexualität, lebenslanger Treue und

Fortpflanzung und damit gegen Ehescheidung, künstliche Empfängnisverhütung und die Gleichwertigkeit der Homosexualität ausgesprochen.

Noch größere Bedeutung kommt dem Lebensschutz zu, weshalb Abtreibung, Sterbehilfe, Klonen, Todesstrafe, Eugenik und Angriffskrieg abgelehnt werden.

Einige Dogmen und Doktrinen der Kirche sind aber auch innerkirchlich seit dem Zweiten Vatikanischen Konzil umstritten. Die katholische Moraltheologie vertritt die Ansicht, dass die Werte des Evangeliums dem Naturrecht nicht widersprächen, sondern dessen letzter und höchster Ausdruck seien.

Kirchengebote

Die Kirche lehrt die Weisungen der Kirche (Kirchengebote) um das Verhältnis des Gläubigen zur Gemeinschaft der Kirche zu regeln. Die fünf Kirchengebote umfassen den Besuch der sonntäglichen Messfeier, dem regelmäßigen Empfang der Sakramente der Buße und der Eucharistie, dem Fasten am Freitag und der (materiellen) Unterstützung der Kirchengemeinde.[22]

Ökumene

Zu Beginn des 20. Jahrhunderts stand die römisch-katholische Kirche der entstehenden ökumenischen Bewegung ablehnend gegenüber, so etwa in der Enzyklika Mortalium animos von Papst Pius XI. aus dem Jahr 1928. Kirchliche Einheit wurde im Sinne einer Rückkehr-Ökumene als Konversion der anderskonfessionellen Menschen zur römisch-katholischen Mutterkirche verstanden. Vor dem Zweiten Vatikanischen Konzil gab es sowohl Bestrebungen, diese Haltung weiter zu stärken – so etwa die Enzyklika Mystici corporis von Papst Pius XII. aus dem Jahr 1943 –, als auch Tendenzen zur ökumenischen Öffnung. Mit der Errichtung des Sekretariates zur Förderung der Einheit der Christen und der Berufung von Augustin Kardinal Bea zu dessen Präsidenten erreichte Papst Johannes XXIII., dass das ökumenische Anliegen auf dem Vatikanum II zu einem wichtigen Thema wurde. Das Ökumenismusdekret Unitatis redintegratio des Konzils bildet eine Abkehr von der Rückkehr-Ökumene und schafft die Grundlage für eine Beteiligung der römisch-katholischen Kirche an der ökumenischen Bewegung.

Heute wird die Verständigung und der Austausch mit anderen christlichen Glaubensgemeinschaften gesucht und gepflegt, insbesondere mit den östlich-orthodoxen Kirchen, den anglikanischen und alt-katholischen Kirchen sowie den evangelischen Kirchen und Gemeinschaften. Die römisch-katholische Kirche ist zwar nicht Mitglied im Ökumenischen Rat der Kirchen (ÖRK), seit 1965 gibt es aber eine gemeinsame Arbeitsgruppe. Außerdem arbeitet sie in der Kommission für Glauben und Kirchenverfassung als Vollmitglied mit und steht der Kommission für Weltmission und Evangelisation beratend zur Seite. Auf regionaler, nationaler und lokaler Ebene ist die römisch-katholische Kirche Mitglied in zahlreichen ökumenischen Organisationen.

Die katholische Kirche setzt auf den Dialog mit anderen Religionen, wie weltweite religiöse Treffen zeigen, die auf Initiativen des Vatikans zurückgehen.

Divergenzen im Eucharistieverständnis

Aufgrund ihres Kirchen-, Amts- und insbesondere Eucharistieverständnisses ist die römisch-katholische Kirche gegen Interzelebration und Interkommunion (siehe auch: Lima-Erklärung des ÖRK und Transsubstantiation). Nach katholischer Lehre ist im gewandelten Brot und Wein Jesus Christus mit seinem Leib und Blut wahrhaft gegenwärtig. Diese Auffassung vertreten in unterschiedlicher Ausprägung Orthodoxe, Anglikaner, Altkatholiken, Lutheraner und Methodisten. Die Reformierten lehnen die Realpräsenz ab und sehen im Abendmahl ausschließlich einen symbolischen Erinnerungsakt. Während sich einige dieser Kirchen trotz dieser unterschiedlichen Auffassungen gegenseitig zum Abendmahl einladen beziehungsweise die Eucharistie an alle Getauften, die an seine Gegenwart in den konsekrierten Gaben glauben, austeilen, verpflichtet die römisch-katholische Kirche ihre Mitglieder dazu, die Eucharistie nur innerhalb der eigenen Kirche zu empfangen und erlaubt den Kommunionsempfang von Angehörigen getrennter Konfessionen nur unter besonderen Umständen. Bei bestehender Lebensgefahr darf ein katholischer Priester die Sterbesakramente Mitgliedern anderer Denominationen spenden. Orthodoxen Gläubigen dürfen hingegen die Sakramente der Buße, der Eucharistie und der Krankensalbung stets gespendet werden, wenn diese von sich aus darum bitten und in rechter Weise disponiert sind. 2004 hob Papst Johannes Paul II. in der Enzyklika *Ecclesia de Eucharistia* noch einmal die Bedeutung der Eucharistie als zentrales Glaubensgeheimnis der römisch-katholischen Kirche und für die mit ihr in Glaubens-, Gebets- und Sakramentengemeinschaft stehenden katholischen Kirchen hervor und rief dazu auf, jedem Missbrauch vorzubeugen.[23]

Verbreitung

Die Katholische Kirche ist in weiten Teilen der Erde verbreitet, v. a. in:

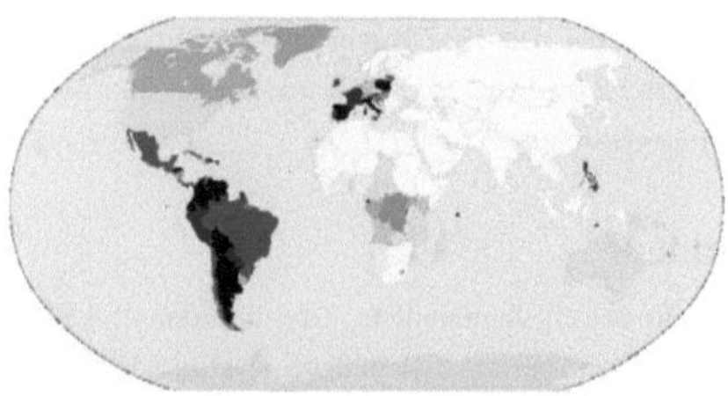

Verbreitung der katholischen Kirche

- in Mittel- und Südamerika
- in Süd– und Südosteuropa: Nordalbanien, Italien, Kroatien, Kosovo, Malta, Slowenien
- in Westeuropa: Spanien, Portugal, Irland, Frankreich, Belgien
- in Nordeuropa: Litauen
- in Mitteleuropa: Deutschland, Polen, Österreich, Tschechien, Slowakei, Schweiz, Ungarn
- in Osteuropa: Polen, in einigen Landesregionen Rumäniens
- in einigen Teilen Afrikas: Äquatorialguinea, Angola, Burundi, Demokratische Republik Kongo, Gabun, Kamerun, Madagaskar, Ruanda, Mosambik und Republik Kongo
- in Asien beschränkt sich ihr Einfluss auf die Philippinen, Osttimor, Macau, Palau, Vietnam und Südkorea

Weltweit gibt es 1,181 Milliarden römisch-katholische Christen in 2.945 Diözesen.

Der Zuwachs von 2008 auf 2009 betrug 1,3 %, wodurch die katholische Kirche deutlich schneller gewachsen ist als die Weltbevölkerung. Der Anteil der Katholiken an der Weltbevölkerung stieg hierdurch ebenfalls und beträgt nun 18,7 %.

Die Nord-, Mittel- und Süd-Amerikaner (die 13,6 Prozent der christlichen Weltbevölkerung ausmachen) bilden 49,8 Prozent der katholischen Weltbevölkerung; die Europäer, die einen nur leicht geringeren Anteil an der Weltbevölkerung ausmachen, 24,6 Prozent der katholischen Weltbevölkerung. Die Asiaten, rund 61 Prozent der Weltbevölkerung, stellen 10,7 Prozent der katholischen Weltbevölkerung, die Afrikaner 15,2 Prozent und die Bevölkerung von Ozeanien 0,8 Prozent.[24]

2009 gab es in der katholischen Kirche 5.065 Bischöfe und 410.593 Ordens- und Diözesanpriester. Die Zahl der Studenten in den Diözesan- oder Ordensseminaren betrug 2009 117.978.

Der Anteil am Weltpriestertum betrug in Europa im Jahr 2008 rund 47,1 Prozent der Priester, in Amerika 30 Prozent, in Asien 13,2 Prozent, in Afrika 8,7 Prozent und in Ozeanien 1,2 Prozent.[25] [26] [27]

Die katholische Kirche ist zudem mit etwa 1,2 Millionen Angestellten einer der größten Arbeitgeber weltweit.

Die katholische Kirche und ihre jeweilige Landesentwicklung

- Katholische Kirche in Ozeanien
  - Katholische Kirche in Australien
  - Katholische Kirche in Neuseeland

Siehe auch

- Homosexualität und römisch-katholische Kirche
- Katholizismus
- Kirchenkritik
- Liste der Päpste
- Liste der Seligen und Heiligen
- Sexueller Missbrauch in der römisch-katholischen Kirche

Literatur

- Winfried Aymans: Artikel *Kirche VI. Kirchenrechtlich*; in: $LThK^3$ 5, Sp. 1478–1479; Freiburg, Basel, Rom, Wien: Herder, 1996; ISBN 3-451-22005-9.
- *Constitutio Dogmatica de Ecclesia / Dogmatische Konstitution über die Kirche* (Lumen Gentium); Text lateinisch-deutsch und Kommentar von Gérard Philips, Aloys Grillmeier, Karl Rahner, Herbert Vorgrimler, Ferdinand Klostermann, Friedrich Wulf und Otto Semmelroth; in: $LThK^2$ 12, S. 137–347; Freiburg, Basel, Wien: Herder, 1966 (=1986; ISBN 3-451-20756-7.)
- *Constitutio Dogmatica de Ecclesia* (Lumen Gentium); in: Acta Apostolicae Sedis 57 (1965), S. 5–75.
- Joachim Drumm, Walter Kasper: Artikel *Kirche II. Theologie- und dogmengeschichtlich*; in: $LThK^3$ 5, Sp. 1458–1466; Freiburg, Basel, Rom, Wien: Herder, 1996; ISBN 3-451-22005-9.
- Walter Kasper: Artikel *Kirche III. Systematisch-theologisch*; in: $LThK^3$ 5, Sp. 1466–1474; Freiburg, Basel, Rom, Wien: Herder, 1996; ISBN 3-451-22005-9.
- Medard Kehl: *Die Kirche. Eine katholische Ekklesiologie*; Würzburg 2001; ISBN 3-429-01454-9.
- Hans Küng: *Kleine Geschichte der katholischen Kirche*, Berlin 2002; ISBN 3-442-76039-9.
- Edward Norman: *Geschichte der katholischen Kirche. Von den Anfängen bis heute*, Stuttgart 2007; ISBN 978-3-8062-2077-3.
- Andreas Sommeregger: *Soft Power und Religion. Der Heilige Stuhl in den internationalen Beziehungen*, Wiesbaden: VS Verlag für Sozialwissenschaften, 2011; ISBN 978-3-531-18421-0

Weblinks

Kirche

- Webseite des Heiligen Stuhls [28]
- Webseite Papst Benedikts XVI. [29]
- Katholische Diözesen auf der ganzen Welt [30]
- Römisch-katholische Kirche der Schweiz [31], Österreich [32] und Deutschland [33]
- Bischofskonferenzen in Österreich [34] und Deutschland [35]
- Übersicht und Links zu den katholischen Ordenshäusern [36]
- Kurze Darstellung unierter Kirchen [37]

Online-Literatur

- *Katechismus der Katholischen Kirche 1997* [38]. Website des Vatikans, deutsche Fassung. Abgerufen am 26. Juni 2011.
- Katechismus der Katholischen Kirche (Kompendium) [39]. Erneuerte und gekürzte Fassung des Katechismus.
- Standardwerke zur katholischen Theologie [40]
- Theologischer Leseraum [41] – Lehramtliche Dokumente und Artikel zur katholischen Theologie
- Kathpedia – katholische Enzyklopädie [42] – Weltanschauung basierend auf dem Katechismus

Personen

- Personenverzeichnis [43] – Bischöfe in den Diözesen der Welt und Mitarbeiter der Kurie
- Weltweite Übersicht über lebende und verstorbene kath. Würdenträger [44] (englisch)
- Links zum Thema Katholische (Glaubensrichtung) [45] im Open Directory Project

Einzelnachweise

[1] Zenit: Statistik zum Päpstlichen Jahrbuch 2011 vorgestellt (https://www.zenit.org/article-22569?l=german&utm_campaign=germanweb&utm_medium=article&utm_source=zenit.org/g-22569), 21. Februar 2011. Abgerufen am 28. Februar 2011.

[2] http://www.vatican.va/

[3] *The World Factbook* (https://www.cia.gov/library/publications/the-world-factbook/geos/xx.html). In: *Central Intelligence Agency*. Abgerufen am 26. September 2011.

[4] http://www.bibleserver.com/go.php?lang=de&bible=EU&ref=Mt16%2C18-19

[5] Hauschild: Lehrbuch der Dogmen- und Kirchengeschichte I. 3. Aufl. S. 89

[6] Hauschild: Lehrbuch der Dogmen- und Kirchengeschichte I. 3. Aufl. S. 88.

[7] Dogmatische Konstitution über die Kirche „Lumen gentium" Nr. 9 *Katechismus der Katholischen Kirche* (http://www.vatican.va/archive/DEU0035/_P2D.HTM). Website des Vatikans. Abgerufen am 15. Juli 2011.

[8] *Codex des Kanonischen Rechtes, Ziff. 849* (http://www.vatican.va/archive/DEU0036/__P2U.HTM). Website des Vatikans. Abgerufen am 15. Juli 2011.

[9] *Dogmatische Konstitution über die Kirche Lumen Gentium, Ziff. 31* (http://www.vatican.va/archive/hist_councils/ii_vatican_council/documents/vat-ii_const_19641121_lumen-gentium_ge.html). Website des Vatikans. Abgerufen am 17. Juli 2011.

[10] *Dogmatische Konstitution über die Kirche Lumen Gentium, Ziff. 32* (http://www.vatican.va/archive/hist_councils/ii_vatican_council/documents/vat-ii_const_19641121_lumen-gentium_ge.html). Website des Vatikans. Abgerufen am 4. August 2011.

[11] Aymans – Mörsdorf, Kanonisches Recht II, S. 216

[12] Aymans – Mörsdorf, Kanonisches Recht II, S. 222

[13] Aymans – Mörsdorf, Kanonisches Recht II, S. 271

[14] Aymans – Mörsdorf, Kanonisches Recht II, S. 274

[15] Aymans – Mörsdorf, Kanonisches Recht II, S. 342

[16] http://www.dbk.de/fileadmin/redaktion/Zahlen%20und%20Fakten/Kirchliche%20Statistik/Eckdaten%20des%20Kirchlichen%20Lebens%20in%20den%20Bistuemern%20Deutschlands/Flyer_Eckdaten2010.pdf

[17] *Statistik der katholischen Kirche.* In: *katholisch.at.* (http://www.katholisch.at/site/article_blank.siteswift?do=all&c=gotosection&d=site/kirche/kircheinoesterreich/statistik)

[18] (Polnisch) (http://www.iskk.ecclesia.org.pl/praktyki-niedzielne.htm)

[19] Bundesamt für Statistik (der Schweiz): *Religionszugehörigkeit* (http://web.archive.org/web/20070314205515/http://www.bfs.admin.ch/bfs/portal/de/index/themen/volkszaehlung/uebersicht/blank/kennzahlen0/religionszugehoerigkeit.html)

[20] Statistik der katholischen Kirche in den Niederlanden *Rapportnr. 590 Kerncijfers 2008 uit de kerkelijke statistiek van het Rooms-Katholiek Kerkgenootschap in Nederland* (http://www.ru.nl/kaski/onderzoek/publicaties/)

[21] „Unitatis redintegratio" – Dekret über den Ökumenismus, Nr. 11 ((http://www.vatican.va/archive/hist_councils/ii_vatican_council/documents/vat-ii_decree_19641121_unitatis-redintegratio_ge.html))

[22] Katechismus der Katholischen Kirche (1993). Nr. 2042 und Nr. 2043, S. 526. München: Oldenbourg

[23] vgl. Ecclesia de Eucharistia, auf Deutsch (http://www.vatican.va/edocs/DEU0210/_INDEX.HTM)

[24] http://www.kath.net/detail.php?id=30216

[25] ZENIT – Aktuelle Kirchenstatistik: „Annuario Pontificio" 2010 Papst Benedikt XVI. vorgestellt (http://www.zenit.org/article-19885?l=german)

[26] Annuario Pontificio 2010 « Jobo72's Weblog (http://jobo72.wordpress.com/tag/annuario-pontificio-2010/)

[27] RADIO VATICANA: Presentato l'Annuario Pontificio 2010 al Papa: aumentano i fedeli cattolici e i sacerdoti nel mondo, in particolare in Asia e Africa (http://www.radiovaticana.org/it1/Articolo.asp?c=358511)

[28] http://www.vatican.va/phome_ge.htm
[29] http://www.vatican.va/holy_father/benedict_xvi/index_ge.htm
[30] http://www.katolsk.no/utenriks/index_de.htm
[31] http://www.kath.ch/
[32] http://www.katholisch.at/
[33] http://www.katholisch.de/
[34] http://www.bischofskonferenz.at/
[35] http://dbk.de/
[36] http://www.orden.de/
[37] http://www.damian-hungs.de/
[38] http://www.vatican.va/archive/DEU0035/_INDEX.HTM
[39] http://www.vatican.va/archive/compendium_ccc/documents/archive_2005_compendium-ccc_ge.html
[40] http://www.stjosef.at/index.htm?dok_standardwerke.php~mainFrame
[41] http://www.uibk.ac.at/theol/leseraum/
[42] http://www.kathpedia.com/
[43] http://www.apostolische-nachfolge.de/
[44] http://www.catholic-hierarchy.org/
[45] http://www.dmoz.org/World/Deutsch/Gesellschaft/Religion_und_Spiritualität/Christentum/Glaubensrichtungen/katholische/

Diözese

Eine **Diözese**, auch **Bistum** genannt, ist ein in der Regel territorial abgegrenzter kirchlicher Verwaltungsbezirk. Die Bezeichnung Diözese leitet sich von der Untergliederung des Römischen Reiches in Diözesen her. Der Begriff Bistum hingegen bezieht sich auf das Jurisdiktionsgebiet eines Bischofs. Alte Bezeichnungen dafür sind **Sprengel** oder **Kirch(en)sprengel**[1].

Römisches Reich

Der Begriff *Diözese* (griechisch διοίκησις *dioikesis* ‚Verwaltung') bezeichnete ursprünglich die staatliche Finanzverwaltung im alten Rom und wurde von Kaiser Diokletian (284–305) aufgegriffen, als er das Reich neu untergliederte.

Die Regionaleinteilung Diokletians wurde im 4. Jahrhundert von der alten Kirche übernommen. Während die orthodoxen Kirchen bis heute den Begriff „Eparchie" verwenden, kam im Westen ab dem 13. Jahrhundert der Begriff „Diözese" für den übergeordneten Bischofssprengel allgemein in Gebrauch, im deutschsprachigen Bereich auch der Begriff „Bistum". Diese Form des Kirchenaufbaus wird heute außer in der katholischen Kirche noch in verschiedenen anderen Kirchen verwendet, z.B. in der orthodoxen Kirche, der anglikanischen Kirche, der methodistischen Kirche, altkatholischen Kirche und Teilen des Luthertums.

Römisch-katholische Kirche

In der römisch-katholischen Kirche ist eine Diözese eine in der Regel territorial abgegrenzte Körperschaft. Konstitutiv für eine Diözese sind nach dem Dekret Christus Dominus des Zweiten Vatikanischen Konzils der Bischof, Presbyterium und Gottesvolk.[2]. Zudem ist eine Diözese in der Regel an einen Ritus gebunden.[3]

Neben territorialen kann es auch personal umschriebene Diözesen geben. Dazu gehören die Teilkirchen für die Gläubigen eines anderen Ritus auf dem Gebiet einer oder mehrerer lateinischer Teilkirchen oder die Militärordinariate.

Derzeit gibt es in der römisch-katholischen Kirche 2.945 Diözesen.[4] Jede Diözese gilt zugleich als Partikularkirche der römisch-katholischen Kirche. Für die Errichtung neuer Diözesen ist der Papst zuständig. Eine Diözese muss in Pfarreien untergliedert sein, die zu Dekanaten zusammengefasst werden können.

Errichtung

Die Errichtung, Umschreibung und Aufhebung von Diözesen ist in der Regel dem Apostolischen Stuhl vorbehalten (can. 373 [5] CIC). Eine Ausnahme hiervon macht lediglich das Kanonische Recht der Orientalischen Kirchen (CCEO), das dem Patriarchen und der jeweiligen Synode gewisse Rechte bei der Errichtung, Neuumschreibung und Aufhebung von Diözesen zuweist. In diesem Fall ist der Apostolische Stuhl jedoch zumindest zu konsultieren.[6]

Bei der Errichtung, Umschreibung oder Aufhebung von Diözesen ist die betreffende Bischofskonferenz zu hören (cann. 3722 [5] CIC). Zudem kann es, wie etwa in Deutschland, aufgrund von Verträgen notwendig sein, für die Errichtung oder Umschreibung von Diözesen Vereinbarungen mit den betreffenden Staaten zu treffen.[7]

Gliederung

Jede Diözese ist in Pfarreien zu untergliedern (can. 374 [5] CIC). Dies gilt auch für die Personaldiözesen. In Militärordinariaten findet eine entsprechende Gliederung statt, die von Fall zu Fall verschieden sein kann. Angehörige des Militärordinariates sind rechtlich nicht vollständig aus ihrer Diözese ausgegliedert[8] , wie es auch die Angehörigen der gegenwärtig bestehenden Personalprälatur, des Opus Dei, nicht sind.[9]

Leitung

Vorsteher einer Diözese ist der Bischof. Dieser besitzt volle Jurisdiktion und wird daher auch, zur Unterscheidung vom Titularbischof (Weihbischof), Diözesanbischof genannt. Er ist zur Residenz in seiner Diözese verpflichtet (can. 395 [10] CIC).

Vertreter des Bischofs ist der Generalvikar, dem die ausführende Gewalt zukommt, die auch der Bischof innehat. Keinen Anteil dagegen hat er an der gesetzgeberischen Gewalt des Diözesanbischofs.[11] Zudem soll er nicht an der richterlichen Gewalt teilhaben.[11] Die Ernennung eines Generalvikars durch den Diözesanbischof ist verpflichtend (can. 475 §1 [12] CIC).

Neben dem Generalvikar können durch den Diözesanbischof Bischofsvikare bestellt werden, denen für einen bestimmten Aufgabenbereich die Kompetenzen des Generalvikars zukommen.

Der Vertreter des Bischofs in der kirchlichen Gerichtsbarkeit ist der Offizial und in der Priesterausbildung der Regens. Einigen Bischöfen ist zur Unterstützung in der Weihegewalt ein Weihbischof beigegeben, der jedoch, obwohl in der Weihe voll und ganz Bischof, in allem vom Diözesanbischof abhängig ist. In Ausnahmefällen kann vom Apostolischen Stuhl eine Visitation durch einen Apostolischen Visitator angeordnet werden.

Zusammenschluss von Diözesen

Eine Diözese ist gewöhnlich mit anderen Diözesen zu einer Kirchenprovinz zusammengeschlossen. Der Vorsteher einer Kirchenprovinz trägt den Titel Metropolit. Dieser ist selber Diözesanbischof einer Diözese der Kirchenprovinz, die als Erzdiözese bezeichnet wird. Es gibt jedoch auch Diözesen, die keiner Kirchenprovinz angehören und direkt dem Apostolischen Stuhl (Papst) unterstehen, so zum Beispiel die Diözesen in der Schweiz, das Erzbistum Vaduz und das Erzbistum Straßburg. Sie werden exemte oder immediate Diözesen genannt.

Erzbischof Julian Barrio Barrio bei einem Besuch in Biberach/ Riß am Jakobsweg

Eine Erzdiözese ist rechtlich von der Diözese nicht verschieden. Der Name zeigt eine historische Bedeutung an oder den Sitz eines Metropoliten. Die Erzdiözese bildet in letzterem Fall zusammen mit weiteren Diözesen (Suffragandiözesen) die Kirchenprovinz. In seltenen Fällen kann eine Erzdiözese auch Suffragan einer weiteren Erzdiözese sein. So untersteht z. B. die Erzdiözese Aix dem Metropoliten in Marseille.

Umgrenzung

Üblicherweise halten sich die Diözesangrenzen der römisch-katholischen Kirche an politische Grenzen. Entsprechend bilden die Bischöfe eines Landes eine Bischofskonferenz. Nur in wenigen Fällen wie in der Karibik erstreckt sich eine Diözese über mehrere Länder. In Deutschland gab es zur Zeit der deutschen Teilung einige Bistümer, die West- wie Ostdeutsche Gebiete umfassten.

Die Größe der Diözesen ist von Land zu Land verschieden, im Allgemeinen sind die Bistümer in den altchristlichen Gebieten der Mittelmeerländer sowohl von der Fläche als auch von der Bevölkerungszahl her wesentlich kleiner als in später christianisierten Gebieten wie Deutschland.

Ersatzformen der Diözese

Faktisch im Range einer Diözese stehen auch die Jurisdiktionsbezirke in Missionsgebieten, wie Mission sui juris, Apostolische Präfektur, Apostolisches Vikariat und Apostolische Administratur. Gleiches gilt für die Territorialabteien und Territorialprälaturen. Die Vorsteher dieser Teilkirchen sind den Diözesanbischöfen rechtlich gleichgestellt.[13]

Diözesen in deutschsprachigen Ländern

Deutschland

In der römisch-katholischen Kirche in Deutschland gibt es derzeit 27 Bistümer (7 Erzbistümer und 20 Bistümer).

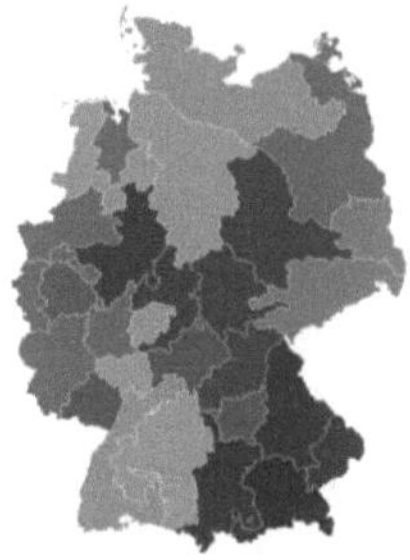

27 Bistümer in Deutschland

1. Erzbistum Bamberg: Bistum Eichstätt, Bistum Speyer, Bistum Würzburg
2. Erzbistum Berlin: Bistum Dresden-Meißen, Bistum Görlitz
3. Erzbistum Freiburg: Bistum Mainz, Bistum Rottenburg-Stuttgart
4. Erzbistum Hamburg: Bistum Hildesheim, Bistum Osnabrück
5. Erzbistum Köln: Bistum Aachen, Bistum Essen, Bistum Limburg, Bistum Münster, Bistum Trier
6. Erzbistum München und Freising: Bistum Augsburg, Bistum Passau, Bistum Regensburg
7. Erzbistum Paderborn: Bistum Erfurt, Bistum Fulda, Bistum Magdeburg

Österreich

In Österreich gibt es zwei Erzdiözesen, die die Kirchenprovinzen darstellen, und sieben territoriale Diözesen (Suffragandiözesen), weiters eine Militärdiözese und eine Territorialabtei (Immediat, direkt dem Heiligen Stuhl unterstellt). Die Grenzen der Diözesen entsprechen dabei weitgehend denen der österreichischen Bundesländer, die Erzdiözese Wien umfasst aber neben der Stadt selbst auch einen Teil Niederösterreichs, und der Osten Nordtirols

gehört zur Erzdiözese Salzburg.

- Erzdiözese Salzburg (errichtet 798) mit den Suffragandiözesen:
  - Diözese Feldkirch
  - Diözese Graz-Seckau
  - Diözese Gurk
  - Diözese Innsbruck
- Erzdiözese Wien (errichtet 1469) mit den Suffragandiözesen:
  - Diözese Eisenstadt
  - Diözese Linz
  - Diözese St. Pölten
- Österreichische Militärdiözese (errichtet 1986)
- Territorialabtei Wettingen-Mehrerau (1854)

Siehe auch: Österreichische Bischofskonferenz

Schweiz

In der Schweiz gibt es keine Erzdiözesen mit einer Kirchenprovinz, ihre Aufgabe übernimmt direkt die römische Kurie. Dies ist in der römisch-katholischen Kirche eine Besonderheit, welche schon verschiedentlich in der Diskussion stand.

Karte der Bistumseinteilung der Schweiz 2006

Es bestehen sechs Diözesen (üblicherweise als Bistümer bezeichnet):

- Bistum Basel mit Bischofssitz in Solothurn
- Bistum Chur
- Bistum Lausanne-Genf-Freiburg mit Bischofssitz in Freiburg
- Bistum Lugano
- Bistum St. Gallen
- Bistum Sitten

Weiter gibt es die zwei Territorialabteien Abtei Saint-Maurice und Abtei Maria Einsiedeln.

Liechtenstein

Das Fürstentum Liechtenstein bildet das Erzbistum Vaduz, das direkt der römischen Kurie unterstellt ist.

Luxemburg

Luxemburg bildet das Erzbistum Luxemburg.

Belgien

Die katholische Kirche von Belgien besteht aus einer Kirchenprovinz mit acht Bistümern. Der Erzbischof ist zugleich Primas.

- Erzbistum Mecheln-Brüssel
- Bistum Antwerpen
- Bistum Brügge
- Bistum Gent
- Bistum Hasselt
- Bistum Lüttich
- Bistum Namur
- Bistum Tournai

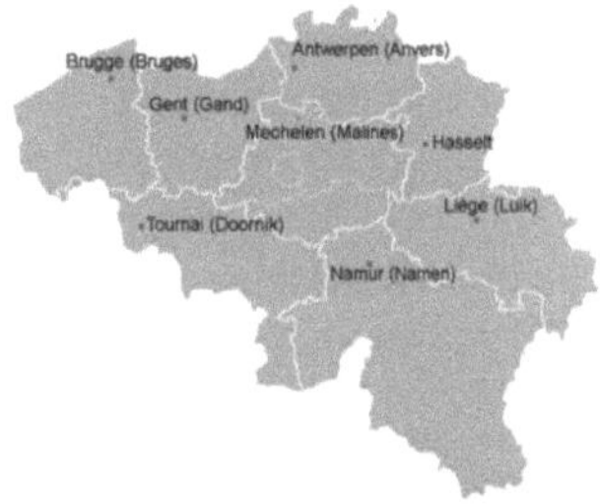

Karte der Bistumseinteilung in Belgien

Diözesen in anderen Ländern

Übersicht über alle katholischen Diözesen weltweit siehe: Liste der katholischen Bistümer.

Evangelische Kirche

In der evangelischen Kirche wurde bis in das 19. Jahrhundert eine Verwaltungseinheit mehrerer Einzelgemeinden innerhalb einer Landeskirche gelegentlich als *Diözese* bezeichnet (Z.B. Diözesen der Kirchenprovinz Ostpreußen oder Generaldiözesen der hannöverschen Landeskirche). Der Begriff ist in der evangelischen Kirche in Deutschland nicht mehr gebräuchlich. Die evangelische Kirche A.B. in Österreich ist in sieben Diözesen gegliedert, wobei *Diözese* – auch in der Kirchenverfassung – als Alternativbezeichnung zu *Superintendenz* verwendet wird. Auch die Evangelisch-Augsburgische Kirche in Polen ist in Diözesen untergliedert. Bei den lutherischen Landeskirchen Skandinaviens heißen die Sprengel der Bischöfe Stifter, nach der skandinavischen Bezeichnung für Bistum.

Anglikanische Kirche

Die Gliedkirchen der Anglikanischen Gemeinschaft sind ihrerseits ebenfalls in Bistümern organisiert.

Siehe z.B. Erzbischof von Canterbury, Bistümer der Episkopalkirche der Vereinigten Staaten von Amerika, sowie die einzelnen Artikel zu den Gliedkirchen (Querverweis in der Navigationsleiste zum Artikel über die Anglikanische Gemeinschaft).

Siehe auch

- Liste der Bistümer in Deutschland

Literatur

- Manfred Clauss: *Der magister officiorum in der Spätantike (4.–6. Jh): das Amt und sein Einfluss auf die kaiserliche Politik.* München 1980.
- Arnold Hugh Martin Jones: *The later Roman empire (284–602): a social, economic, and administrative survey.* Bd. 3, Oxford 1964.
- Johannes Neumann: Art. *Bistum.* In: Theologische Realenzyklopädie 6 (1980), S. 697–709.

Weblinks

- Übersicht der Bistümer der katholischen Kirche in Deutschland [14]
- Internationaler Überblick über die Diözesen der kath. Kirche. [15]

Einzelnachweise

[1] *Kirchsprengel* (http://www.woerterbuchnetz.de/DWB/wbgui_py?lemma=kirchsprengel). Deutsches Wörterbuch von Jacob Grimm und Wilhelm Grimm. Band 11, Spalte 826. Abgerufen am 25. September 2010.
[2] Aymans - Mörsdorf, Kanonisches Recht II, S. 316
[3] Aymans - Mörsdorf, Kanonisches Recht II, S. 317
[4] http://www.radiovaticana.org/it1/Articolo.asp?c=358511
[5] http://www.vatican.va/archive/DEU0036/__P1C.HTM
[6] can 85 § 1 CCEO
[7] Aymans - Mörsdorf, Kanonisches Recht II, S. 318
[8] Aymans -Mörsdorf, Kanonisches Recht II, S. 326
[9] (http://www.opusdei.de/art.php?p=12541)
[10] http://www.vatican.va/archive/DEU0036/__P1E.HTM
[11] Aymans - Mörsdorf, Kanonisches Recht II, S. 378
[12] http://www.vatican.va/archive/DEU0036/__P1O.HTM
[13] Aymans - Mörsdorf, Kanonisches Recht II, S. 340
[14] http://www.katholisch.de/37.html
[15] http://www.catholic-hierarchy.org

Normdaten (Sachbegriff): GND: 4070487-7 (http://d-nb.info/gnd/4070487-7)

Killarney

Killarney	
Wappen	Karte

Basisdaten	
Provinz:	Munster
County:	Kerry
Einwohner:	13.497 (2006)[1]
Vorwahl:	+353-(0)64
Höhe:	50 m
Offizielle Website:	www.killarney.ie [2]

Hauptstraße in Killarney

Killarney (irisch *Cill Airne*, „Die Kirche der Schlehen") ist eine Stadt mit 13.497 Einwohnern (2006) im County Kerry im Südwesten der Republik Irland.[3] Die Stadt liegt an den nördlichen Ausläufern der Macgillycuddy's Reeks, Irlands höchstem Gebirgszug, und nahe dem Lough Leane, dem größten der drei Seen im Killarney-Nationalpark.

Tourismus

Der Tourismus ist der mit Abstand wichtigste Wirtschaftszweig in der Stadt. In der Republik Irland verfügt lediglich die Hauptstadt Dublin über mehr Hotelbetten. Die Stadt selbst hat, außer touristischer Infrastruktur, kaum Sehenswürdigkeiten zu bieten. Es ist die Attraktivität der Umgebung, die die meisten Besucher in die Stadt lockt. Im Sommer wird es oft sehr voll und es gibt lange Staus durch die Stadt. Killarney eignet sich auch als Ausgangspunkt für Tagestouren zum Ring of Kerry sowie zu den nahegelegenen

Halbinseln Dingle und Beara, sie ist der Ausgangspunkt des Fernwanderwegs Kerry Way. Killarney beherbergt neben den Hotels und relativ wenigen B&B-Übernachtungsmöglichkeiten auch eine Vielzahl an Hostels; *Aghadoe House*, die internationale Jugendherberge Killarneys, befindet sich etwa 6 km nordwestlich der Stadt an der N22 in Fossa.

St. Mary's Cathedral, Killarney

Sehenswürdigkeiten

- Ross Island
- Ross Castle
- Muckross Abbey
- Muckross House
- Inisfallen Island
- Killarney-Nationalpark
- Torc Waterfall
- Steinkreis von Lissyviggeen

Lough Leane nahe Ross Castle

Verkehr

Killarney ist von Deutschland leicht erreichbar über den Flughafen Kerry, der 20 km nördlich von Killarney bei Farranfore liegt. Ferner besitzt der Ort eine Eisenbahnverbindung nach Dublin und Busverbindungen u. a. nach Cork, Tralee und Limerick.

Lough Leane

Sonstiges

Der durch seine satirischen Münchhausen-Geschichten bekannt gewordene Rudolf Erich Raspe liegt nahe Killarney, auf dem Friedhof *Killeaghy*, in einem anonymen Armengrab begraben. Während er den Eigentümer des Landgutes *Muckross* bei der Entwicklung der dort befindlichen Kupferminen beriet, erkrankte Raspe an Scharlach und starb im November 1794.

Bing Crosby hat der Stadt ein musikalisches Denkmal gesetzt, indem er 1961 auf dem Album *White Christmas* den Song *Christmas in Killarney* aufnahm.

Im Jahr 2007 war Killarney für Irland der Gewinner der Goldmedaille in der Kategorie *Stadt* in dem prestigeträchtigen europäischen Wettbewerb *Entente Florale*.

Wolfgang Hohlbeins Roman *Drachenfeuer* spielt unter anderem in Killarney. Es geht um die in der Nähe gelegene Burg Ross Castle, deren Erhalt in der Geschichte durch Sprengungen gefährdet ist.

Partnerstadt

Killarney hat eine Partnerschaft mit der Marktgemeinde Pleinfeld im mittelfränkischen Landkreis Weißenburg-Gunzenhausen.

Persönlichkeiten

Söhne und Töchter

- John O'Sullivan (1881–1948), Historiker, Hochschullehrer und Politiker
- Gillian O'Sullivan (* 1976), Geherin

Mit Killarney verbunden

- Michael Fassbender (* 1977), Schauspieler; in Killarney aufgewachsen

Literatur

Jim Larner (Hrsg.): *Killarney, History and Heritage.* The Collins Press, Cork 2005, ISBN 1-903464-55-2.

Weblinks

- Official Guide to Killarney [4]
- Killarney Online [5]
- Wanderung zum Mangerton Mountain [6]

Einzelnachweise

[1] Allgemeine Informationen über Killarney (http://www.killarney.ie/prac.php)
[2] http://www.killarney.ie
[3] Karte von Irland (stark vergrößerbar) (http://www.mysecureform.com/iismaps/bigmap.jpg)
[4] http://www.killarney.ie/
[5] http://www.killarneyonline.ie/
[6] http://www.wandertipp.de/Regionen/Irland/Monatstipp_15_2008.htm

Koordinaten:
[//toolserver.org/~geohack/geohack.php?pagename=Killarney&language=de&params=52.0588888889_N_9.50861111111_W_regi
52° 4′ N, 9° 31′ W]

Irland

Éire (irisch)
Ireland (engl.)
Irland

	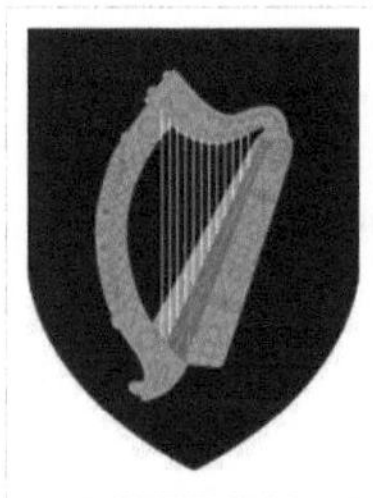
Flagge	Wappen

Amtssprache	Irisch, Englisch
Hauptstadt	Dublin (ir. *Baile Átha Cliath*)
Staatsform	Parlamentarische Republik
Staatsoberhaupt	Präsident Michael D. Higgins
Regierungschef	Ministerpräsident (Taoiseach) Enda Kenny
Fläche	70.182 km²
Einwohnerzahl	4.581.269 (Volkszählung 2011)
Bevölkerungsdichte	65 Einwohner pro km²
Bruttoinlandsprodukt • Total (nominal) • Total (PPP) • BIP/Einw. (nominal) • BIP/Einw. (PPP)	2011[1] • $ 217,6 Milliarden (45.) • $ 181,5 Milliarden (57.) • $ 47.513 (16.) • $ 39.639 (16.)
Human Development Index	▲ 0,908 (7.)[2]
Währung	Euro
Nationalhymne	Amhrán na bhFiann
Nationalfeiertag	17. März (St. Patrick's Day)
Zeitzone	UTC+0 / UTC+1 (März-Oktober)
Kfz-Kennzeichen	IRL
Internet-TLD	.ie
Telefonvorwahl	+353

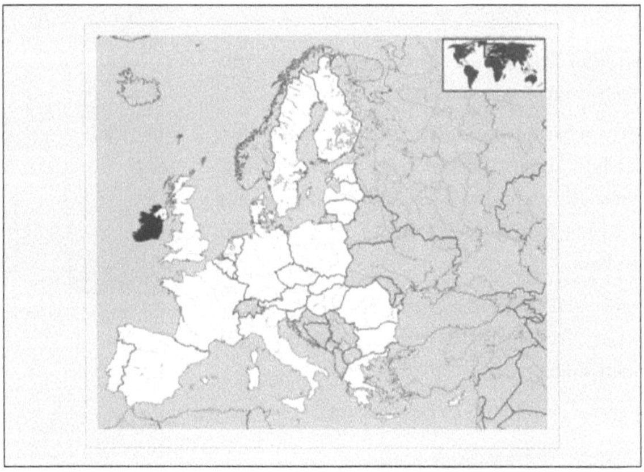

Irland (amtlicher deutscher Name; irisch *Éire* [ˈeːrʲə], englisch *Ireland*)[3] ist ein Inselstaat auf der gleichnamigen Insel Irland. Er grenzt im Norden an das Vereinigte Königreich (Nordirland) und ist im Osten von der Irischen See und im Westen und Süden vom Atlantik umgeben. Irland ist seit 1973 Mitglied der Europäischen Union. Ein Großteil der Bevölkerung bekennt sich zum römisch-katholischen Glauben.

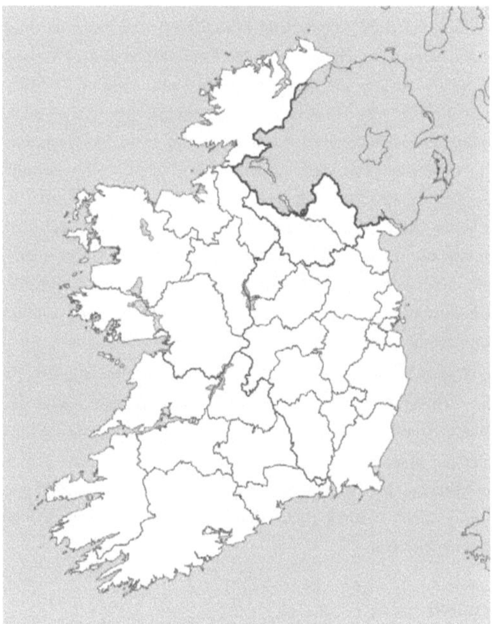

Land und Einwohner

Landesname

Der amtlich verwendete deutsche Name ist Irland. Die offizielle Eigenbezeichnung lautet irisch *Éire* bzw. englisch *Ireland.* Häufig wird zur Unterscheidung von Nordirland auch der Begriff *Republik Irland* (irisch *Poblacht na hÉireann*, engl. *Republic of Ireland*) verwendet.

Geographie

Cliffs of Moher an der Westküste.

Im Landesinneren der Insel finden sich überwiegend Ebenen, die außen von hügeligem Gebiet eingeschlossen sind.

Der Fluss Shannon, der von Norden nach Süden verläuft, ist mit etwa 370 km der längste der Insel. In den Ebenen liegen zahlreiche Seen, welche die Landschaft maßgeblich prägen. Lough Corrib ist der größte See Irlands und nach Lough Neagh, der zu Nordirland gehört, der zweitgrößte der irischen Insel.

Der höchste Berg ist mit 1.041 m der *Carrauntoohil* (andere Namen *Carrantuohill, Carrantual, Carntuohil*). Er liegt im Südwesten der Insel in den Macgillicuddy's Reeks.

Über das Land verteilt gibt es eine Reihe von Nationalparks.

Lough Lene, County Westmeath.

Bevölkerung

Die Einwohnerzahl Irlands ging Mitte des 19. Jahrhunderts drastisch zurück. Missernten, Hungersnöte und Repressalien durch die englische Herrschaft ließen die Einwohnerzahl von rund 6,5 Millionen (einschließlich der Bevölkerung der nördlichen heute noch zu Großbritannien gehörenden Landesteile) im Jahre 1841 schrumpfen. Zur Unabhängigkeit der Republik im Jahre 1921 betrug die Bevölkerung ausschließlich des dichter bevölkerten Nordirlands 3,0 Millionen. Viele Iren wanderten aus, vor allem nach Großbritannien und in die USA. Die Unabhängigkeit von Großbritannien und Nordirland ab Beginn der 1920er Jahre führte zwar zu allmählichen Verbesserungen der Lebensumstände, die Einwohnerzahl schrumpfte aber weiterhin, wenn auch nicht mehr ganz so stark.

Die Hauptstadt Dublin

Der Tiefpunkt war mit rund 2,82 Millionen Einwohnern in den 1960er Jahren erreicht. Seither hat sich die Bevölkerungszahl wieder positiv entwickelt und mit derzeit rund 4,5 Millionen Einwohnern (über 6 Millionen einschließlich Nordirlands) inzwischen wieder den Stand von Mitte des 19. Jahrhunderts erreicht. Die Zunahme erfolgt zwar in erster Linie durch Zuwanderung, jedoch auch durch Geburtenüberschuss.[4]

Religion

Die Bevölkerung Irlands bekennt sich zu 86,8 Prozent zum römisch-katholischen Glauben, 3,0 Prozent gehören der anglikanischen Church of Ireland an. Etwa 0,8 Prozent der Bevölkerung sind Muslime, 4,4 Prozent geben an, keiner Religion anzugehören (alle Zahlen von 2006).[5]

Die römisch-katholische Kirche in Irland besteht aus vier Erzbistümern mit Sitzen in Armagh, Dublin, Tuam und Cashel. Der Primas von ganz Irland ist der Erzbischof von Armagh.

Die presbyterianische Kirche ist vor allem unter den Nachfahren der schottischen Ansiedler stark verwurzelt. Deshalb ist sie am stärksten in Nordirland verbreitet.

Daneben gibt es noch kleinere methodistische und evangelisch-lutherische Kirchen. Mit 1.591 Mitgliedern (2005) sind die Quäker zwar eine vergleichsweise kleine Gemeinschaft, aber sie ist nach der in Großbritannien die zweitgrößte in Europa.

Geschichte

Die Geschichte Irlands beginnt mit der Besiedlung etwa 7000 v. Chr. Keltischsprachige Familien brachten etwa um 300 v. Chr., dem Übergang von der Bronzezeit zur Eisenzeit, nach und nach die keltische Sprache auf die Insel. Schon im Römischen Reich war die Insel Irland unter dem Namen *Hibernia* bekannt. Im Laufe der Geschichte gab es eine Reihe von Königreichen und Fürstentümern in Irland.

Der Christianisierung Anfang des 5. Jahrhunderts durch Sklaven aus der bis etwa 410 römischen Provinz Britannien, unter ihnen auch der heutige Nationalheilige Patrick von Irland, folgte die erste irische Blütezeit, in der unzählige Klostersiedlungen (u.a. mit den berühmten Rundtürmen) entstanden; diese wurde ab etwa 800 durch die Beutezüge der Wikinger unterbrochen bzw. beendet. Es folgte im Jahre 1169 die Eroberung durch die Normannen, die eine fortgesetzte Dominanz Englands über Irland einläutete. Anglo-Normannen konfiszierten den Landbesitz der Iren und vertrieben sie in den unfruchtbaren Westen der Insel. Ab etwa 1600 wurden von der englischen Krone im Nordosten der Insel anglikanische und presbyterianische Siedler aus England und Schottland angesiedelt. Diese "Plantation" war die Wurzel des bis ins späte 20. Jh. andauernden ethno-religiösen Konflikts im heutigen Nordirland (siehe Nordirlandkonflikt).

Die Politik der englischen Großgrundbesitzer in Irland führte zusammen mit der Kartoffelfäule zur Hungersnot von 1845–1849. Bis zu 1,5 Millionen Iren verhungerten und viele wanderten nach Amerika aus. Britische Behörden verschleppten bewusst Maßnahmen zur Eindämmung der Hungersnot.[6] Die Hungersnot spielt eine sehr bedeutende Rolle in der historischen Entwicklung anti-britischer Ressentiments. Die Vorwürfe der irischen Bevölkerung reichen hierbei von verantwortungsloser Untätigkeit bis hin zu systematischem Genozid. Diese sehr strittige historische Debatte kommt zu höchst unterschiedlichen Ergebnissen. Besonders zulasten der britischen Kolonialherren geht hierbei das Argument, dass Irland während der gesamten Hungersnot durchgehend Nettoexporteur von Lebensmitteln blieb und kein Exportstopp verhängt wurde, um die Lebensmittelpreise in Irland zu drücken.[7] Des Weiteren werden die überwiegend um 1700 erlassenen Penal Laws als Vorbedingung für die Entwicklung der prekären Lage der Iren angesehen. Unter Anderem verboten diese der katholischen irischen Bevölkerung die Ausübung öffentlicher Ämter, das Wählen, das Anstreben höherer Bildung, dauerhaften Erwerb oder Pacht von Grundbesitz und schränkten den Vermögenserwerb in umfassendem Maße ein.

Ein blutiger Krieg zwischen Briten und Iren (1919–1921) führte nach dem Ersten Weltkrieg in Richtung politische Unabhängigkeit für einen großen Teil der Insel; der Dominion-Status am 6. Dezember 1921 gewährte eine größere innenpolitische Eigenständigkeit und ermöglichte die Gründung des Irischen Freistaats 1922 (Vorgänger der heutigen Republik Irland). Sechs Grafschaften in der Provinz Ulster blieben allerdings nach dem Abkommen Bestandteil Großbritanniens. Der seit ca. 1600 latent bestehende Konflikt (Nordirlandkonflikt) setzte sich wegen der Teilung fort und überschattet die irisch-britische und innerirische Politik bis heute. Auch als Irland am 18. April 1949 nach über drei Jahrhunderten britischer Herrschaft aus dem Commonwealth ausschied, verblieben die sechs nordirischen Grafschaften im Vereinigten Königreich. Jedoch zeichnet sich seit dem Karfreitagsabkommen aus dem Jahr 1998 und dem dort festgelegten Verzicht der Republik Irland auf die Forderung nach einer Wiedervereinigung mit Nordirland eine deutliche Entspannung ab. Zwar besteht nach wie vor die Möglichkeit einer Vereinigung der beiden Gebiete, diese kann aber nur durch einen Mehrheitsbeschluss der nordirischen Bevölkerung herbeigeführt werden.

Politik

Politisches System

Der Premierminister (ir. *Taoiseach*, gesprochen [tiːʃəx]) wird vom Parlament nominiert und vom Präsidenten ernannt. Üblicherweise ist er der Parteichef der stärksten Parlamentspartei oder der größten Koalitionspartei.

Präsident Michael D. Higgins.

Die Government Buildings in Dublin

Das Parlament (*Oireachtas*) besteht aus zwei Kammern und dem Präsidenten: Dabei bildet der Senat (Seanad Éireann) das Oberhaus und das Repräsentantenhaus (*Dáil Éireann*) das Unterhaus. Der Senat besteht aus 60 Mitgliedern, von denen elf durch den Premierminister ernannt und 49 von verschiedenen gesellschaftlichen Gruppen gewählt werden (Landwirtschaft und Arbeiterschaft je elf, Industrie und Handel neun, Öffentliche Verwaltung sieben, Universitäten sechs und Kultur und Erziehung fünf). Diese Wahlen finden innerhalb von 90 Tagen nach der Auflösung des Repräsentantenhauses statt.

Das Unterhaus besteht aus 166 Mitgliedern, wobei die Zahl der Mitglieder von der Einwohnerzahl Irlands abhängt. Auf je 20.000 bis 30.000 Einwohner kommt ein Abgeordneter. Die Mitglieder des Unterhauses werden nach der übertragbaren Einzelstimmgebung (engl. *Single Transferable Vote*) in 43 Wahlkreisen, in denen je zwischen drei und fünf Mandate zu vergeben sind, gewählt. Wahlen müssen innerhalb von 30 Tagen nach der Auflösung des Repräsentantenhauses stattfinden. Das Unterhaus wird derzeit für höchstens fünf Jahre gewählt, eine frühere Auflösung ist aber möglich.

Die Regierung (*An Rialtas*) besteht aus höchstens 15 Mitgliedern. Dabei dürfen nicht mehr als zwei Minister aus dem Senat kommen, der Premier, der Stellvertreter des Premier und der Finanzminister müssen dem Repräsentantenhaus angehören.

Eine Auswahl irischer Parteien:

- Fianna Fáil
- Fine Gael
- Sinn Féin
- Green Party
- Labour Party

Irland stellte von 2002 bis 2004 den Präsidenten des Europaparlaments Pat Cox, die irische EU-Kommissarin für die Zeit von 2010 bis 2014 ist Máire Geoghegan-Quinn (Forschung, Innovation und Wissenschaft), ihre Vorgänger waren Charlie McCreevy (2004–2009) und David Byrne (1999–2004).

Aktuelle Politik

Am 29. März 2004 führte Irland als erstes EU-Land ein totales Rauchverbot in allen öffentlichen Einrichtungen ein. Das Verbot gilt nicht für Hotelzimmer, Gefängnisse und psychiatrische Anstalten. Mit dieser Entscheidung nahm Irland eine Vorreiterrolle in Europa ein. Um die Einhaltung zu überwachen, wurden rund 400 amtliche Kontrolleure eingestellt. Zudem drohen Strafen bis zu 3000 €. Das Rauchverbot wird von der irischen Öffentlichkeit breit unterstützt und sehr gut eingehalten.

Dublin am Abend

In den letzten Jahren steht das veraltete und wenig effektive Gesundheitssystem aufgrund öffentlichen Druckes verstärkt im Blickfeld.

Auch die hohe Zahl der Verkehrstoten aufgrund mangelnder westlicher Standards stellt ein großes Problem dar.

Außerdem wird versucht, den großen wirtschaftlichen Unterschied zwischen den beiden großen Zentren – Dublin und Cork – auf der einen Seite und den Midlands bzw. den Countys an der Westküste auf der anderen Seite zu beheben.

Auch gibt es einen hohen Anteil an relativer Armut – der höchsten in Westeuropa mit ca. 22 % – die es zu bekämpfen gilt. Damit sind auch große soziale Unterschiede verbunden. Trotz des wirtschaftlichen Aufschwunges hat sich die Lage der Unterschicht sehr verschlechtert. Arbeitsplätze sind fast nur in den Städten zu finden, in den abgelegenen ländlichen Gebieten gibt es somit kaum Verbesserung. Die Teuerung von Produkten des täglichen Lebens war bis etwa zum Sommer 2008 erheblich. Dann wurde in Irland und anderen Ländern eine Bankenkrise sichtbar, die später auch auf andere Länder übergriff, zu einer Wirtschaftskrise im Jahr 2009 führte und viele westliche Länder veranlasste, ihre staatliche Neuverschuldung massiv zu erhöhen. Dies führte zur Staatsschuldenkrise im Euroraum und insbesondere ab Herbst 2009 zur griechischen Finanzkrise.

Irland hat zurzeit 14 Ministerien. Die letzten Parlamentswahlen fanden im Februar 2011 (vorgezogen aufgrund der Regierungskrise, nachdem die Koalition im Januar 2011 von den Grünen für beendet erklärt wurde).[8] statt. Die vorher stärkste Partei Fianna Fáil verlor deutlich an Unterstützung und erzielte noch 17,4 Prozent der Stimmen (*First Preference Votes*), was zu 20 Sitzen im Dáil Éireann führte. Fine Gael wurde stärkste Partei mit 76 Sitzen (+ 25). Zweitstärkste Partei wurde die Labour Party mit 37 (+ 17) Sitzen. Sinn Féin erhielt 14 (+ 10) Sitze. Unabhängige Kandidaten erzielten 15 (+ 10) Sitze. Außerdem gelang der People Before Profit Alliance und der Socialist Party mit je zwei Sitzen der Einzug ins Parlament. Die Green Party und Progressive Democrats sind mit der Wahl von 2011 nicht mehr im Dáil Éireann vertreten.[9]

Provinzen

Irland besteht aus vier Provinzen (Connacht, Leinster, Munster, Ulster), die sich nochmal in Bezirke (*Countys*) aufspalten. Diese Provinzen haben in dieser Form allerdings keine Bedeutung mehr für die Verwaltung des Staates. Sie sind historisch gewachsen und spielen lediglich im Sport noch eine Rolle, da dieser in Irland auf kommunaler Basis organisiert ist.

Polizei

Garda Síochána na hÉireann, kurz auch *Garda* oder *Gardai*, bezeichnet die Nationalpolizei in der Republik Irland. Die Behörde untersteht einem von der irischen Regierung eingesetzten Polizeipräsidenten (Commissioner), das Hauptquartier befindet sich im Phoenix Park in Dublin. Die gebräuchlichste Kurzform im Sinne des Kollektivums „Die Polizei" ist *Garda*, wie auch der einzelne Polizist heißt. Der Plural Polizisten = Gardaí kommt ebenfalls häufig als Sammelbezeichnung vor.

Die *Garda* existiert seit 1922, ihre ca. 9.000 uniformierten Mitglieder sind in der Regel unbewaffnet, auch um sich von der Vorgängereinheit, der Royal Irish Constabulary (RIC) zu unterscheiden. Daneben gibt es rund 1.700 mit Handfeuerwaffen ausgestattete nicht uniformierte *Garda Detectives*, die u. a. für den Personenschutz verantwortlich sind und die schwer bewaffnete *Emergency Response Unit*. Irland gliedert sich in sechs Polizeiregionen, darunter die Dublin Metropolitan Region, die jeweils von einem Regional Assistant Commissioner geleitet werden.

Kommunale Polizeikräfte gibt es seit der Zusammenlegung der Dubliner Polizei mit der Garda im Jahr 1925 nicht mehr. Die *Airport Police* auf dem Flughafen von Dublin, die *Harbour Police* und die *Railway Police*, die auf dem Gelände von Bahnhöfen Dienst tut, sind keine klassischen Polizeikräfte, sondern eher als Sicherheitsdienste zu bezeichnen. Verhaftungen werden auch hier nur von der Garda vorgenommen.

Militär

Die Irish Defence Forces (*IDF*, Irisch: *Óglaigh na hÉireann*) stellen die Armee der Republik Irland dar. Sie bestehen aus den Teilstreitkräften

- Heer (*Irish Army*, irisch: *Arm na hÉireann*)
- Marine (*Naval Service*, irisch: *Seirbhís Chabhlaigh na hÉireann*)
- Luftwaffe (*Irish Air Corps*, irisch: *Aerchór na hÉireann*).

In der Irischen Armee dienen knapp 11.000 (Stand 2006) Männer und Frauen, davon rund 8.500 im Heer. Die Marine verfügt über acht Patrouillenschiffe. Die Aufgaben der Luftwaffe bestehen hauptsächlich in der Unterstützung des Heeres und dem Transport von Menschen und Material. Sie verfügt derzeit nicht über düsengetriebene Kampfflugzeuge.

Zusätzlich zur Berufsarmee gibt es noch die *Reserve Defence Force*, die aus der *Army Reserve* (Irisch: *Cúltaca an Airm*) und der *Naval Service Reserve* (*NSR*, *Cúltaca na Seirbhíse Cabhlaigh*) besteht.

Wirtschaft

Allgemeines

Irland war bis in die 1990er im Vergleich zu anderen Staaten der EG ein wirtschaftlich wenig entwickeltes Land. Insbesondere aus den USA kam es auf der Suche nach einem Standort für den Export in den europäischen Wirtschaftsraum zu Investitionen in Irland. Es kam auch zu größerer Immigration nach Irland, insbesondere aus Osteuropa. Das inflationsbereinigte Pro-Kopf-BIP in Irland stieg auf einen der höchsten Werte in der EU. Allerdings war das BIP künstlich erhöht, z.B. werden Gewinne von den Unternehmen teils nur buchhalterisch (aufgrund der geringen Steuersätze; nach einer zwischenzeitlichen Senkung zur Wirtschaftsförderung und Anwerbung ausländischer Firmen auf 10 % beträgt die Unternehmenssteuer nun 12,5 %, was immer noch einen der geringsten Werte innerhalb der EU bedeutet) nach Irland verschoben und fließen nicht wirklich ins Land.[10] Das Bruttonationaleinkommen stieg weniger stark an, unter anderem nahm jedoch die Arbeitslosigkeit tatsächlich ab (2000-2007 betrug sie rund 5 %)[11] und durch den 2000 eingeführten gesetzlichen Mindestlohn liegt das monatliche Einkommen bei erwachsenen Vollzeitangestellten nicht unter 1.183 Euro. Irland wurde wegen seiner wirtschaftlichen Entwicklung oft als „Keltischer Tiger" bezeichnet.

Irland ist Teil des Europäischen Binnenmarkts. Zusammen mit 16 EU- Mitgliedstaaten (blau) bildet es eine Währungsunion, die Eurozone.

Allerdings ist Irland von der Finanzkrise ab 2007 besonders hart betroffen, weil der Wohlstand auch durch Spekulationsblasen wie eine Immobilienblase entstanden ist. Außerdem ist die irische Wirtschaft sehr stark von ausländischen Direktinvestitionen abhängig. Die sehr laxe Regulierung des Finanzsektors zog zwar viele ausländische Banken an, Irlands Gesamtwirtschaft ist dafür aber im Ausland sehr stark verschuldet. Die Summe der ausstehenden Kredite, Derivate und Hypothekendarlehen irischer Banken übersteigt das Bruttoinlandsprodukt beinahe um das Vierfache.[12] Durch die nun fallenden Immobilienpreise sind viele irische Haushalte überschuldet.

Seit dem ersten Quartal 2008 befindet Irland sich in einer Rezession, nachdem das BIP im ersten Quartal um 1,3 % und im zweiten Quartal um 0,8 % gefallen ist, insgesamt ging das BIP 2008 um 1,7 % zurück.[13] Die konservative irische Regierung unter Brian Cowen beschloss, gegen die massiv ansteigenden Staatsschulden eine Austeritätspolitik durchzuführen. 2009 schrumpfte das BIP um weitere 7,1 %. Die Arbeitslosenquote lag Ende 2008 bei über 8 % und stieg im Jahr 2010 auf über 13 %, und die Zahl der Langzeitarbeitslosen (= länger als 1 Jahr ohne Arbeit) hat sich auf 5,3 % mehr als verdoppelt." [14]

Außerdem befindet sich Irland in einer Deflation. Im Oktober 2009 fielen die Preise gegenüber dem Vorjahresmonat um 4,4 %.[15] Irland war laut Aussage des US-amerikanischen Ökonomen Paul Krugman im April 2009 nach Island das Land mit dem größten Risiko eines Staatsbankrotts.[16] [17] [18]

Anteil ausländischer Unternehmen

Einen nicht unerheblichen Anteil an der wirtschaftlichen Entwicklung Irlands haben ausländische Unternehmen. Der Anteil ausländischer Unternehmen an der irischen Wertschöpfung erreichte 1995 23,8 %.[10] Allein im Sektor Informations- und Kommunikationstechnologie lagen die Exporte im Jahr 2003 über 21 Mrd. € und erzielten damit einen Anteil von 26 % der Exporte. Viele ab 1989 zugewanderte weltweit agierende Unternehmen wie z. B. IBM, Intel, Hewlett Packard, Symantec, Dell, und Microsoft beschäftigten 2003 mehr als 1 % der Bevölkerung.[19] In den letzten Jahren wanderten diese Unternehmen aber teils wieder weiter.

Viele europäische Finanzunternehmen haben in den vergangenen Jahren eine Dépendance in Irland installiert. Im Jahr 2007 befanden sich unter den 35 größten Banken Irlands insgesamt 15 Niederlassungen deutscher Banken. So hat die Depfa-Bank, eine Tochter der Hypo Real Estate, Ihre Hauptniederlassung in Irland.[20]

Staatshaushalt

Der Staatshaushalt umfasste 2009 Ausgaben von 78,1 Mrd. Euro, dem standen Einnahmen von 55,1 Mrd. Euro gegenüber. Daraus ergibt sich ein Haushaltsdefizit in Höhe von 23 Mrd. Euro beziehungsweise 14,4 % des BIPs.[21] Die Staatsverschuldung betrug 2009 104,6 Mrd. Euro oder 65,5 % des BIP.[21] Im Jahr 2010 wird ein Defizit von rund 32 % befürchtet, mehr als 10 Mal so viel, wie die Maastricht-Kriterien maximal vorsehen.[22]
Irland, das aufgrund seiner Bankenkrise binnen vier Jahren seine Staatsschulden von unter 25 % per Ende 2010 vervierfachen wird, beantragte Hilfen aus dem EU-Rettungsschirm. Am 28. November 2010 einigten sich die Finanzminister der Eurozone auf ein 85 Mrd. Euro-Hilfspaket, das von der EU und vom Internationalen Währungsfonds IWF zur Verfügung gestellt werden sollen.

Jahr	2002	2003	2004	2005	2006	2007	2008	2009	2010	2011
Staatsverschuldung	31,9 %	30,7 %	29,4 %	27,2 %	24,5 %	24,8 %	44,2 %	65,1 %	92,5 %	108,2 %
Haushaltssaldo	−0,3 %	0,4 %	1,4 %	1,6 %	2,9 %	0,1 %	−7,3 %	−14,0 %	−31,2 %	−13,1 %
Quelle: Eurostat[23]										

2006 betrug der Anteil der Staatsausgaben (in % des BIP) folgender Bereiche:

- Gesundheit:[24] 7,5 %
- Bildung: 4,7 % (2005)
- Militär: 0,9 % (2005)

Infrastruktur

Flugverkehr

Irland hat internationale Flughäfen in Dublin, im County Donegal in Carrickfinn, im County Kerry in Farranfore, im County Clare in Shannon sowie in Galway, Cork und Knock, die von Austrian Airlines, der Lufthansa, Swiss, TUIfly und den einheimischen Fluggesellschaften Aer Lingus und Ryanair angeflogen werden. Ebenso existiert eine Inlandsfluglinie, die Aer Arann. Dazu sind noch zahlreiche lokale Flughäfen vorhanden.

Der Flughafen Dublin ist der größte Flughafen Irlands.

Schienenverkehr

Weiterhin existiert ein recht dünnes Eisenbahnnetz in 1.600 mm Spurweite, das aber ausgebaut wird. Wichtigste Bahngesellschaft ist die staatliche Iarnród Éireann.

Hafen von Dublin

Busverkehr

Bus Éireann ist die nationale Busgesellschaft, die eine große Zahl von Verbindungen anbietet. Vergleichbar mit den amerikanischen Greyhound-Bussen verbinden zahlreiche Überlandbusse die einzelnen Regionen.

Von den zentralen Haltepunkten, die jedoch nicht immer zwingend im Zentrum der angefahrenen Städte liegen, fahren lokale Buslinien auch in entferntere Gegenden. Die Fahrpläne sind jedoch genau zu studieren, da einige Verbindungen doch recht selten fahren, je nach Wochentag und Lage der jeweiligen Ortschaft nur ein- oder zweimal täglich.

Straßensystem

Ein PKW darf mit einem EU-Führerschein gelenkt werden, wobei zu beachten ist, dass in Irland (wie im benachbarten Nordirland und auf der britischen Insel) Linksverkehr herrscht.

Die Straßen in der Republik sind bedingt durch die geringe Bevölkerungsdichte meist schlechter als auf dem europäischen Festland. Straßen werden in Irland einer von vier Klassen zugeordnet:

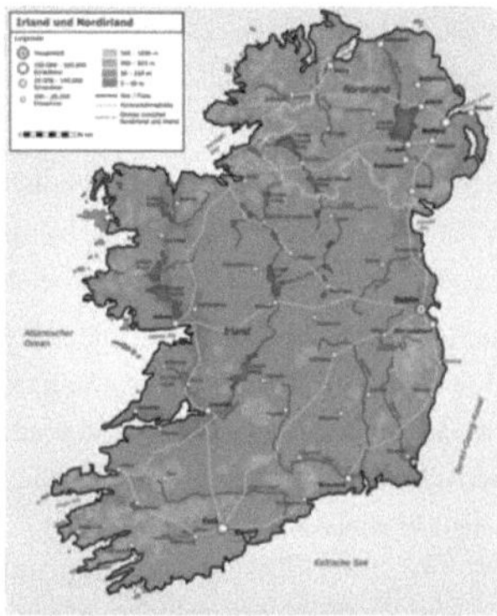

Fernverkehrsstraßen in Irland

Motorway (Kürzel M)

Ein Motorway (irisch *Mótarbhealach*) entspricht in etwa einer vierstreifigen deutschen Autobahn mit Mittelstreifen und breiten Seitenstreifen (hard shoulder). Sie sind hauptsächlich auf den Großraum Dublin konzentriert. Auch die Ringstraße, die Dublin westlich umschließt, ist als Motorway (M50) klassifiziert. Alle Motorways sind Teil einer, oder bilden eine National road. Die zulässige Höchstgeschwindigkeit auf Motorways beträgt 120 km/h. Einige Abschnitte von Motorways, beispielsweise der M4, sind gebührenpflichtig, die Maut beträgt zwischen 1,80 und 3 Euro für PKW und bis zu 1,40 Euro für Motorräder (Stand: 08/2008).[25] Die Beschilderung für Richtungs- und Entfernungsinformationen auf Motorways ist in blau gehalten. Irland hat in Westeuropa im Verhältnis zur Bevölkerung die geringste Dichte an Autobahnen.

National Road (Kürzel N)

National Roads entsprechen in ihrer Funktion den deutschen Bundesstraßen. Die zulässige Höchstgeschwindigkeit ist 100 km/h. Es wird unterschieden in National primary roads – N1 bis N11, die von Dublin aus fächerförmig ins Land führen und N12 bis N33, welche größeren Städte miteinander verbinden – sowie National secondary roads (mit Nummern höher als 50). Viele der National primary roads sind inzwischen gut, einige zum Teil vierstreifig ausgebaut, oder verfügen zumindest über einen breiten Seitenstreifen. Einige der besser ausgebauten Strecken entsprechen der Spezifikation der Motorways, werden aber (noch) nicht als solcher klassifiziert, um auch langsamerem Verkehr wie z. B. Landmaschinen, die Benutzung zu ermöglichen. National secondary roads entsprechen in ihrem Standard oft nur Regional roads oder sind wenig besser. Die Beschilderung für Richtungs- und Entfernungsinformationen auf National Roads ist in grün gehalten.

Regional Road (Kürzel R)

Regional roads sind nachrangige ländliche Fahrbahnen zum Teil ohne Markierungslinien. Da sie besonders durch ländliche Gegenden führen, werden sie oft von Schafen, Kühen, Pferden oder Wildtieren überquert oder begangen. Zulässige Höchstgeschwindigkeit auf Regional roads ist 80 km/h. Die Beschilderung für Richtungsangaben auf Landstraßen ist Schwarz auf Weiß gehalten und häufig mangelhaft. Ortsangaben finden sich in einigen ländlichen Gegenden Irlands, vor allem in Gaeltachten, vorwiegend in irischer Sprache.

Local Road (Kürzel L) und andere Straßen

Local roads sind kleine Verbindungsstraßen oder -wege zwischen kleinen Ortschaften, die nicht unbedingt asphaltiert sein müssen. Landstraßen sind oft von Mauern oder hohen Hecken begrenzt und sehr schmal, zumeist einspurig. Dies schützt allerdings nicht vor Gegenverkehr. Dessen ungeachtet findet sich auch auf Landstraßen die Höchstgeschwindigkeit von 80 km/h.

Gelegentlich findet man, vor allem in ländlichen Gegenden, noch die alte Straßenbeschilderung mit den Typen „T" (für „trunk road" = Fernstraße, entspricht weitgehend der jetzigen National Road) und „L" (für „link road" = Anbindung, entspricht der jetzigen Regional Road).

Seit Ende der 90er Jahre baut die irische Regierung das Straßennetz durch Investitionsprogramme im Umfang mehrerer Milliarden Euro aus. Seitdem finden kontinuierlich Ausbesserungsarbeiten an einem Großteil des Straßennetzes statt. Zum Einsatz kommen dabei jedoch nicht Asphalt oder Beton, sondern zumeist Rollsplitt, der durch die Nutzung der Straße allmählich in einen weicheren Teer-Untergrund eingepresst wird. Irische Straßen erscheinen dadurch rau und uneben.

Umstellung auf das metrische Maßsystem im Straßenverkehr

Anfang 2005 stellte die Republik Irland vom angloamerikanischen Maßsystem auf das metrische System um, seitdem werden Geschwindigkeiten in km/h statt in mph und Entfernungen in Kilometern und nicht mehr in Meilen gemessen. Jedoch ist die Entfernung auf vielen älteren Verkehrsschildern noch in Meilen angegeben, wobei dann die Maßeinheit fehlt. Auf den neuen Schildern steht das Kürzel km. Auch alte Tachometer in Kraftfahrzeugen zeigen noch mph statt km/h an.

Grenzkontrolle

Grenzkontrollen zwischen der Republik Irland und Nordirland finden nicht statt. Aus diesem Grund ist die Republik Irland dem Schengener Abkommen bislang noch nicht beigetreten, da man dies mit Rücksicht auf die offene Grenze zu Nordirland nur zusammen mit dem Vereinigten Königreich tun könnte.

Sport

Die beliebtesten Sportarten Irlands sind die beiden traditionellen Ballsportarten Gaelic Football und Hurling. (Eine Variante des Gaelic Football wurde von irischen Auswanderern in Australien unter dem Namen Australian Football adaptiert.) Sowohl Gaelic Football als auch Hurling sind reine Amateursportarten. Die Spiele um die jährlich ausgetragenen All-Ireland Senior Football Championship bzw. All-Ireland Senior Hurling Championship locken viele Fans in die größten Stadien des Landes. Neben diesen beiden Wettbewerben der County-Auswahlteams gibt es auch Wettbewerbe auf Vereinsebene. Die Atmosphäre bei den Spielen ist meist friedlich. Trotz großer Rivalität zwischen den einzelnen Countys sind Ausschreitungen die Ausnahme. An öffentlichen, meist katholischen Schulen waren lange Zeit nur Hurling und Gaelic Football erlaubt.

Fast ebenso populär wie die zuvor genannten irischen Nationalsportarten sind die als "englisch" bezeichneten Rugby und Fußball. Die Rugby-Nationalmannschaft gehört weltweit zu den Spitzenmannschaften. Sie nimmt an den vierjährlich stattfindenden Weltmeisterschaften und am jährlichen Sechs-Nationen-Turnier der besten Teams Europas teil. Das besondere an der irischen Nationalmannschaft ist, dass sie seit ihrer Gründung 1874 die gesamte Insel, heute also sowohl die Republik Irland als auch Nordirland repräsentiert. Die Auswahlen der vier irischen Provinzen Ulster, Munster, Leinster und Connacht spielen in der Celtic League, der höchsten professionellen Liga mit Mannschaften aus Irland, Wales und Schottland. Daneben gibt es nationale irische Meisterschaften. Nationalstadion ist das Aviva Stadium in Dublin. Es werden aber auch Länderspiele im Ravenhill Stadium in Belfast ausgetragen.

Die Fußballbegeisterung wurde geschürt, als Jack Charlton Anfang der 1980er Jahre Teamchef der irischen Fußballnationalmannschaft wurde. Da der Fußballsport in Irland damals noch in den Kinderschuhen steckte, bestand Charltons erste Amtshandlung darin, einen Ahnenforscher anzustellen, der ihm helfen sollte, in England nach Fußballprofis mit irischen Wurzeln zu suchen, um sie in die irische Nationalmannschaft berufen zu können. Das Team erreichte 1990 überraschend das Viertelfinale der Weltmeisterschaft in Italien und qualifizierte sich zudem für die WM 1994 in den USA sowie für die WM 2002 in Japan und Südkorea. Die nationale Fußballliga heißt League of Ireland. Sie besteht aus zwei Leistungsklassen und wird im Halb-Profibetrieb gespielt. Die Premier League besteht aus zwölf Vereinen, die First Division aus zehn. Die Liga wird vom irischen Fußballverband FAI organisiert.

Kultur

Allgemeines

Das kulturelle Leben spielt sich hauptsächlich in den wenigen großen Zentren (Dublin, Cork, Galway und Limerick) ab. Das Leben außerhalb dieser Städte (in den Midlands u. a.) ist in dem sehr dünn besiedelten Land beschaulich und größtenteils von Landwirtschaft und Fischerei geprägt. Dennoch gibt es auch dort z .T. verstärkten Aufbau von Tourismus, v. a. in der Region um den Fluss Shannon.

Universität Cork

Bibliothekswesen

1947 wurde mit dem *Public Library Act* der Bibliotheksrat *An Chomhairle Leabharlanna* ins Leben gerufen. Damit wurde das Bibliothekswesen revolutioniert. Heute erfüllt die *Leabharlann Náisiúnta na hÉireann* die Funktion einer Nationalbibliothek. *An Chomhairle Leabharlanna*, zunächst gegründet um die Versorgung und Entwicklung von Bibliotheksdienstleistungen zu gewährleisten, bekam 2001 zusätzliche Aufgaben. Diese Aufgaben sind im Wesentlichen, die Hauptbibliotheken zu beraten und ihnen zu helfen, Empfehlungen und Gutachten für die Ministerien zu erstellen und die Kooperation zwischen den öffentlichen Bibliotheken und den wissenschaftlichen Bibliotheken zu unterstützen und zu erleichtern. Außerdem ist *An Chomhairle Leabharlanna* in viele Aktivitäten und Programme, die die Bibliotheken fördern, integriert. (Zum Vergleich: in Deutschland gibt es weder ein Bibliotheksgesetz, noch – seit der Schließung des Deutschen Bibliotheksinstituts (DBI) im Jahre 2000 – eine zentrale Beratungs- und Entwicklungsagentur)

In Irland gibt es 32 Hauptbibliotheken. Davon werden 27 von den Landkreisen getragen und vier von den Städten Cork, Dublin, Limerick und Waterford. Eine Bibliothek liegt dabei zwischen zwei Countys und wird deshalb von beiden unterstützt. Die Strategien und Methoden der Bibliotheken variieren von Stadt zu Stadt, denn die Hauptbibliotheken handeln unabhängig voneinander.

Zu den 32 Hauptbibliotheken kommen weitere 345 Zweigbibliotheken hinzu. Dazu zählen auch Bibliotheken von Krankenhäusern, Schulen, Gefängnissen und so genannte Kommunikationszentren. Auch die 29 Fahrbibliotheken sind hier mit einberechnet, welche entlegene oder bevölkerungsarme Landstriche mit Büchern und anderen Medien versorgen.

Zu den Angeboten der Bibliotheken gehören im allgemeinen Sachliteratur und Belletristik, Service und Programme für Kinder und Jugendliche, Referenzmedien, Informationen zur Weiterbildung und allgemeine, lokale Informationen. Außerdem wird in jeder Bibliothek ein öffentlicher Zugang zum Internet angeboten. Alle

Hauptbibliotheken bieten zusätzlich in der Bibliothek Opacs an, welche den Nutzern zur Verfügung stehen. Das heißt, dass alle Bibliotheken ein elektronisches Verwaltungssystem besitzen. Einige Kataloge sind auch über das Internet abrufbar.

In den öffentlichen Bibliotheken gibt es ca. 12,5 Millionen Medieneinheiten. Dazu gehören Bücher, Manuskripte, Bilder, Loseblattsammlungen, CDs, CD-Roms, DVDs, Kassetten, Videos und vieles mehr. Im Gegensatz zu Deutschland wird in irischen öffentlichen Bibliotheken pro Einwohner weniger ausgeliehen. In Deutschland sind es 4,1 Medieneinheiten pro Einwohner, in Irland 3,4. Die öffentlichen Bibliotheken werden dennoch von ca. 21 % der Bevölkerung genutzt. 2002 gab es 809.158 Leser mit einem Bibliotheksausweis.

Mit den Sachkosten liegen die irischen Bibliotheken jedoch höher als deutsche Bibliotheken. In Irland werden 2,10 € pro Einwohner und in Deutschland 1,10 € pro Einwohner ausgegeben.

Finanziert werden die Bibliotheken hauptsächlich über Steuern. Ca. 10 % werden über Mitgliedsbeiträge, Nutzergebühren und Bußgelder finanziert. Außerdem unterstützt das *Department of the Environment and Local Government* die Bibliotheken seit 1998 mit 34 Millionen €, die für den Bau und das Mieten von Gebäuden verwendet werden. Aber auch die Automatisierung von Arbeitsabläufen und der Bestandsaufbau wird mit diesen Geldern gefördert.

Musik

Die irische Musik ist vor allem bekannt durch die typischen Instrumente wie die Fiddle (Geige), deren Spiel sich durch den wilden irischen Stil auszeichnet, die Flöte, vor allem die Tin Whistle, und die Harfe, die das älteste irische Instrument ist. Lange Zeit waren die instrumentale und die vokale Musik getrennt, erst im 18. Jahrhundert wurden beide zusammen gebracht. Obwohl die Volksmusik vieler Länder vor allem bei der Jugend an Popularität verlor, wird die traditionelle irische Musik auch heute noch viel gehört.

Ein besonderes Element der irischen Musik ist das Tanzen. Stepptanz, Set Dance und Formationstanz sind in Irland sehr beliebt und haben eine lange Tradition.

Irland ist mit sieben Siegen das erfolgreichste Land beim Eurovision Song Contest.

Dichtung

Neben Balladen, in denen umfangreiche Dichtung mit Musik verbunden ist, sind zwei kurze in Irland entstandene Gedichtformen weit über die Landesgrenzen hinaus bekannt, der Limerick und der Irische Segen.

Wahrzeichen

- Kleeblatt (Shamrock)
- Rundtürme
- Keltenkreuz
- Leprechaun
- Harfe

Siehe auch

Portal: Irland – Übersicht zu Wikipedia-Inhalten zum Thema Irland

Literatur

- *Lonely Planet Reiseführer Irland: Deutsche Ausgabe.* 2. Auflage 2008, ISBN 3-8297-1605-2.
- *The encyclopaedia of Ireland*, hrsg. von Brian Lalor. Gill & Macmillan, Dublin 2003, ISBN 0-7171-3000-2.
- Rolf Breuer: *Irland: Eine Einführung in seine Geschichte, Literatur und Kultur.* Fink, München 2007, ISBN 3-8252-2406-6.
- Michael Richter: *Irland im Mittelalter. Kultur und Geschichte.* Lit, Münster 2003, ISBN 3-8258-6437-5.
- Wolfgang Ziegler: *Irland: Entdeckungsfahrten zu den Kunststätten der "Grünen Insel", Kunst, Kultur und Landschaft.* DuMont Verlag, Köln 1974, ISBN 3-7701-0735-7.

Weblinks

- Länderinformationen des Auswärtigen Amtes zu Irland [26]
- Karte von Irland [27]

Einzelnachweise

[1] World Economic Outlook Database, April 2012 (http://www.imf.org/external/pubs/ft/weo/2012/01/weodata/index.aspx) des Internationalen Währungsfonds

[2] Human Development Report Office: *Ireland – Country Profile: Human Development Indicators* (http://hdrstats.undp.org/en/countries/profiles/IRL.html)

[3] Art. 4 of Constitution of Ireland - ""Constitution of Ireland" - "Article 4 - The name of the State is Éire, or, in the English language, Ireland" (http://www.constitution.org/cons/ireland/constitution_ireland-en.pdf) "Name of State - The Irish Constitution provides that the name of the State is Éire or in the English language, Ireland. The Republic of Ireland Act of 1948 provides for the description of the State as the Republic of Ireland but this provision has not changed the use of 'Ireland' as the name of the State in the English language." (http://www.dfa.ie/home/index.aspx?id=79366)

[4] *CSO QuickTables - CNA13 - Population 1901-2006 (engl.).* (http://www.cso.ie/Quicktables/GetQuickTables.aspx?FileName=CNA13.asp&TableName=Population+1901+-+2006&StatisticalProduct=DB_CN) Abgerufen am 13. November 2012.

[5] *Central Statistics Office Ireland: Population classified by Religion (engl.).* (http://beyond2020.cso.ie/Census/TableViewer/tableView.aspx?ReportId=74644) Abgerufen am 1. Dezember 2009. Vgl. Central Statistics Office: *Census 2006.* Volume 13 - Religion, Stationery Office, Dublin 2007, ISBN 0-7557-7211-3 (PDF, 0,8 MB (http://web.archive.org/web/20110607092007/http://www.cso.ie/census/census2006results/volume_13/volume_13_religion.pdf)).

[6] Gunnar Heinsohn: *Lexikon der Völkermorde*, rororo 1999

[7] Kinealy, Christine (1995), This Great Calamity: The Irish Famine 1845–52, Gill & Macmillan, ISBN 1-57098-034-9

[8] *Green Party verlässt die Koalition.* (Nicht mehr online verfügbar.) Ehemals im Original (http://www.greenparty.ie/en/news/latest_news/green_tds_and_senators_leave_government), abgerufen am 23. Januar 2011. (Seite nicht mehr abrufbar; Suche im Webarchiv (http://wayback.archive.org/web/*/http://www.greenparty.ie/en/news/latest_news/green_tds_and_senators_leave_government))

[9] Election 2011 - National Summary (http://www.rte.ie/news/election2011/results/index.html), Raidió Teilifís Éireann

[10] Irland, der "keltische Tiger": Vorbild oder Warnung für ein wachsendes Europa? - Michael Dauderstädt: Ifo Schnelldienst, 2001, vol. 54, issue 06, pages 34-41.

[11] Quarterly National Household Surveys, Central Statistics Office

[12] Zeit.de: Arbeitslos und abgebrannt in Dublin (http://www.zeit.de/2009/10/Irland)

[13] Seite nicht mehr abrufbar (http://en.wikipedia.org/wiki/Wikipedia:defekte_weblinks), Suche im Webarchiv: Germany Trade and Invest: Irland befindet sich in einer schweren Rezession (http://wayback.archive.org/web/*/http://www.gtai.de/DE/Content/__SharedDocs/Links-Einzeldokumente-Datenbanken/fachdokument.html?fIdent=MKT200812128005)

[14] NYTimes: In Ireland, a Picture of the High Cost of Austerity (http://www.nytimes.com/2010/06/29/business/global/29austerity.html?_r=2), 28. Juni 2010

[15] DLF - Europa heute *Die Wut kocht* (http://www.dradio.de/dlf/sendungen/europaheute/1067676/)

[16] kurier.at vom 14. April 2009 (http://www.kurier.at/geldundwirtschaft/310982.php)

[17] tagesanzeiger.ch vom 14. April 2009 (http://www.tagesanzeiger.ch/wirtschaft/konjunktur/Steht-sterreich-vor-der-Staatspleite/story/15442266)

[18] sueddeutsche.de vom 14. April 2009 (http://www.sueddeutsche.de/,tt4m1/finanzen/350/464944/text/)

[19] IDA Ireland: ICT Industrieprofil (http://www.idaireland.com/home/index.aspx?id=893)
[20] Auswärtiges Amt: Irland - wirtschaftliche Beziehungen (http://www.auswaertiges-amt.de/DE/Aussenpolitik/Laender/Laenderinfos/Irland/Bilateral.html?nn=360164#doc358720bodyText2)
[21] Eurostat, Bereitstellung der Daten zu Defizit und Verschuldung 2009 (http://epp.eurostat.ec.europa.eu/cache/ITY_PUBLIC/2-15112010-AP/DE/2-15112010-AP-DE.PDF)
[22] Hamburger Abendblatt (http://www.abendblatt.de/politik/article1710299/Finanzminister-einig-Irland-bekommt-85-Milliarden.html)
[23] Eurostat, Finanzstatistik des Sektors Staat, Haupttabellen (http://epp.eurostat.ec.europa.eu/portal/page/portal/government_finance_statistics/data/main_tables)
[24] Der Fischer Weltalmanach 2010: Zahlen Daten Fakten, Fischer, Frankfurt, 8. September 2009, ISBN 978-3-596-72910-4
[25] Dokumentation der National Roads Authority (engl.) (http://www.nra.ie/PublicPrivatePartnership/TollingDocumentation/)
[26] http://www.diplo.de/Irland
[27] http://www.mysecureform.com/iismaps/bigmap.jpg

Koordinaten:
[//toolserver.org/~geohack/geohack.php?pagename=Irland&language=de&params=53.1333333333_N_8.11666666667_W_regi 53° N, 8° W]

Normdaten (Geografikum): GND: 4027667-3 (http://d-nb.info/gnd/4027667-3) | LCCN: n79063445 (http://lccn.loc.gov/n79063445) | VIAF: 158208597 (http://viaf.org/viaf/158208597/) | GKD in der DNB: 2016667-9 (http://d-nb.info/gnd/2016667-9)

County_Kerry

County Kerry
Contae Chiarraí

Karte

Basisdaten	
Staat:	Irland
Verwaltungssitz:	Tralee
Provinz:	Munster
irischer Name:	Ciarraí
Fläche:	4735 km²
Einwohner:	145.048 *(2011)*
Kfz-Kennzeichen:	KY

Kerry (irisch *Ciarraí*) ist eine Grafschaft (*county*) im Südwesten der Republik Irland. Der irische Name von Kerry leitet sich von *Ciar* ab. Dieser legendäre Ciar war ein Sohn von Fergus, dem König von Ulster.[1] Die Nachfahren des Ciar haben der Legende nach diesen Teil von Munster besiedelt. Inoffiziell trägt Kerry auch den Beinamen *The Kingdom*, Hauptstadt (County Town) ist Tralee.

Geographie

Der landschaftliche Charakter von Kerry wird maßgeblich durch die Atlantikküste bestimmt. Sie ist geprägt von vielen Halbinseln, kleinen Buchten und vorgelagerten Inseln. Die wichtigsten Halbinseln sind die Dingle-Halbinsel, Iveragh-Halbinsel und die aber größtenteils schon zu Cork gehörende Beara-Halbinsel. Zu den bedeutendsten vorgelagerten Inseln gehören die Blasket Islands, die Skelligs mit der größten Insel Skellig Michael sowie Valentia Island. In Kerry liegt der Carrantuohill, mit 1041 Metern der höchste Berg Irlands. Er ist Teil der Gebirgskette McGillycuddy's Reeks auf der Halbinsel Iveragh. Auch der 952 Meter hohe Mount Brandon nördlich von Dingle zählt zu den höchsten Bergen Irlands.

Geschichte

Erste menschliche Spuren im Gebiet des Countys datieren in die Bronzezeit, um etwa 2500 v. Chr. Es ist aber klar, dass das Gebiet bereits früher besiedelt wurde. In den Bergen wurde bereits in vorchristlicher Zeit Bergbau betrieben. Ab dem 5. Jahrhundert breitete sich das Christentum nach Kerry aus. Für das 6. und 7. Jahrhundert sind ungefähr 100 Klöster, Einsiedeleien und Bethäuser nachgewiesen. Viele dieser frühchristlichen Stätten sind noch als Ruinen erhalten. Zu den bekanntesten zählen die Insel Skellig Michael und die Klosterruinen von Ardfert und Kilmalkedar. Bevor das County-System zwischen dem 13. und 16. Jahrhundert begründet wurde, bestand Kerry aus Clanterritorien, den "tuaths". Im Altertum war das Gebiet unter den Clans Ciarraige, Corco Duibne, Uí Cairpri Luachra und Éoganacht Locha Lein aufgeteilt. Im frühen Mittelalter existierten Kleinkönigreiche, die unter der Oberhoheit des Königreichs Munster mit Sitz in Cashel im County Tipperary standen. Nachdem die Anglonormannen im späten 12. Jahrhundert angekommen waren, hielten die O'Connors das nördliche Kerry, die O'Moriaritys die Mitte und die O'Sullivans, O'Donoghues und O'Mahonies den Süden. Die O'Falvays und O'Sheas kontrollierten die Iveragh- und die Dingle-Halbinsel.

Im frühen 13. Jahrhundert errichtete die normannische Familie Fitzgerald, die Earls of Desmond, im Gebiet von Castleisland und Tralee befestigte Stützpunkte, wie das Carrigafoyle Castle. Sie brachten englische Siedler nach Kerry. Bis zum Ende des 16. Jahrhunderts behielten die Desmonds eine gewisse Unabhängigkeit. Sie endete mit den Zentralisierungsbestrebungen der spätelisabethanischen Epoche. Nach vergeblichen Rebellionen verlor der letzte Earl of Desmond Leben und Land. Daraufhin wurde im Jahr 1606 das County in seinen heutigen Grenzen geschaffen. In den Kriegen des 17. Jahrhunderts verloren auch die letzten irischen Familien ihren politischen und wirtschaftlichen Einfluss. Ende des 18. Jahrhunderts begannen die irisch-katholischen Familien den politischen Kampf für ihre Gleichberechtigung. Der berühmteste Repräsentant dieses Kampfes war Daniel O'Connell, der von der Iveragh-Halbinsel stammt. Durch die große Hungersnot in den 1840er Jahren und die anschließenden Emigrationswellen verlor das County fast zwei Drittel seiner Bevölkerung. Während des 19. Jahrhunderts war Kerry eines der wenigen Rückzugsgebiete, in denen die irische Sprache, Literatur und Musik bewahrt wurden.

Die Legende von Kerry

Laut der Legende, die im Groben wohl die chronologische Abfolge richtig wiedergibt, war der erste Clan, der sich um etwa 500 v. Chr. in Kerry ansiedelte, die Ciarraige, ein piktischer Stamm, der aus Sligo und Roscommon kam. Derselben Legende nach stammen sie allerdings von Ciar, dem Sohn der Königin Medb ab. Ciarraige bedeutet "Königtum derer von Ciar". Sie errichteten ihren Hauptsitz in Castleisland. Trotz ihrer weitgehend autonomen Position zahlten die Ciarraige Tribut an den König von Munster, der in Cashel seinen Sitz hatte. Ein Unterclan der Ciarraige wurde zwischen 555 und 577 n. Chr. nach Connacht verbannt. Ähnliche Verbannungen erfolgten mehr als 1000 Jahre später durch Oliver Cromwell. Die Firbolg kamen nach dieser Legende später als die Ciarraige in die Region. Die Gruppe, die sich in Nordkerry niederließ, wurde als der Corcu Duibne bekannt. Sie waren künstlerisch begabt und sollen für die Entwicklung der Ogham-Schrift verantwortlich sein. Oghamsteine standen einst auf der gesamten Dingle-Halbinsel. Einige Beispiele kann man noch vor Ort sehen: Ballintaggart, Chute Hall, Gallarus Oratory, Kilmalkedar-Kirche und Ratass. Die Corcu Duibne hatten auch beeindruckende architektonische

Fähigkeiten. Sie bauten die spektakulären Promontory Forts Caherconree und Dunbeg Fort. Die Milesier waren die dritte Gruppe, die sich in der Region ansiedelte. Nach der Legende sollen sie Irland etwa 100 v. Chr. erobert haben. Die letzte geschichtlich belegte Zuwanderung erfolgte indes 2.500 v. Chr. durch die Leute der Glockenbecherkultur. Nach ihrer Landung bei Waterville fochten sie mehrere Schlachten gegen die mythischen Túatha Dé Danann, die ihren Höhepunkt in der Schlacht am *Sliabh Mis* fanden, die die Milesier gewannen. Ihre Königin Scota wurde getötet und in einem Tal oberhalb von Tralee bestattet. Das Gebiet ist heute als Glen Scota bekannt, und das Grab der Königin soll unter einem alten Stein liegen.

Wirtschaft

Kerrys Wirtschaft wird auch heute noch von der Landwirtschaft dominiert. Das Land wird dabei überwiegend als Weideland genutzt. Im Flachland zwischen Tralee und der Shannon-Mündung findet man vorwiegend Rinderzucht und Milchwirtschaft. Auf den bergigen Halbinseln und im Südosten werden vornehmlich Schafe gezüchtet. Neben der Viehzucht spielt die Fischerei eine große Rolle. Der bei weitem wichtigste Fischereihafen ist Dingle. Daneben haben noch Castlegregory, Fenit und Valentia Island eine gewisse Bedeutung. In Kerry werden ungefähr 8% des irischen Fischfangs an Land gebracht. In der Mündung des Kenmare River und der Tralee Bay wird in größerem Umfang die Zucht von Schalentieren betrieben.

Die wenigen Industriebetriebe des Countys konzentrieren sich in der Hauptstadt Tralee (ca. 23.000 Einwohner) sowie im etwa halb so großen Killarney. Das bekannteste Unternehmen mit Hauptsitz in Tralee ist die Kerry Group, einer der größten Produzenten von Lebensmitteln weltweit. Zu den auch in Deutschland bekannten Marken des Unternehmens zählt die *Kerrygold*-Butter. Der in unmittelbarer Nähe des *Tralee Institute of Technology* neu geschaffene Kerry Technology Park in Tralee soll zukunftsträchtige Technologieunternehmen anlocken.

Insgesamt gehört Kerry aber immer noch zu den ärmsten irischen Countys. Im Jahr 2003 betrug das durchschnittlich verfügbare Einkommen pro Person nur 86% des Landesdurchschnitts. Dies bedeutet den vorletzten Platz unter allen Countys.

Jedoch profitiert auch Kerry vom irischen Wirtschaftsboom der letzten zwanzig Jahre und insbesondere der Tourismus spielt eine explosionsartig zunehmende Rolle in der Wirtschaftskraft Kerrys.

Politik

Kerry entsendet sechs Abgeordnete in das irische Parlament (Dáil Éireann). Die Grafschaft ist in zwei Wahlkreise aufgeteilt. Die vorletzte Wahl fand am 24. Mai 2007 statt.

Abgeordnete für Kerry North waren: Jimmy Deenihan (Fine Gael), Martin Ferris (Sinn Féin) und Tom McEllistrim (Fianna Fáil).

Abgeordnete für Kerry South waren: John O'Donoghue (Fianna Fáil), Tom Sheahan (Fine Gael) und Jackie Healy-Rae (parteilos).

Die Sitzverteilung im *Kerry County Council* nach der Kommunalwahl vom 5. Juni 2009:

Partei	Sitze
Fine Gael	10
Fianna Fáil	7
Labour Party	4
Sinn Féin	2
South Kerry Independent Alliance	1
Parteilose	3

Städte

- Tralee
- Killarney
- Listowel
- Killorglin
- Castleisland
- Kenmare
- Ballybunion
- Cahersiveen
- Dingle
- Kilcummin
- Rathmore
- Tarbert

Skellig Michael

Sehenswürdigkeiten

Ladies View

Die vielen Sehenswürdigkeiten machen Kerry zu einem der Hauptanziehungspunkte für Touristen in Irland. Killarney (Start des Kerry Way) ist ein Zentrum des irischen Fremdenverkehrs und hat nach Dublin die höchste Bettenanzahl im Land. Zu den wichtigsten Sehenswürdigkeiten zählen:

- vorzeitliche Denkmäler (Cahergal, Caherconree, Cahermore, Coom Wedge tomb, Steinkreis von Dromagorteen, Dunbeg Fort, Steinreihe von Eightercua, Gallarus Oratory, Steinkreis von Kenmare, Leacanabuaile, der Steinkreis von Lissyviggeen und Staigue Fort),

- diverse Bienenkorbhütten, Castles, Forts, Hochkreuze, Kirchen und Klöster(Kilmalkedar, Raingiléis und Reask), Menhire, Oghamsteine, Rundtürme Felsritzungen (Derrynablaha) und Souterrains,
- die Dingle-Halbinsel mit Inch-Beach
- die Iveragh-Halbinsel mit dem Ring of Kerry und den McGillycuddy's Reeks, Irlands höchsten Bergen,
- der Killarney-Nationalpark beherbergt die ältesten Eichenwälder Irlands,
- der Derrynane National Historic Park, der Connor Pass
- der Ring of Beara, der *kleinere Bruder* des Ring of Kerry,
- Skellig Michael ist wegen seines mittelalterlichen Klosters ein von der UNESCO anerkanntes Weltkulturerbe,
- die Crag Cave,
- die Blasket Islands, Ross Island
- das Church Island im Lough Currane
- das Church Island im Valentia Harbour
- die Garfinny Bridge

Einsamer Strand in Kerry

Verkehr

Die beiden wichtigsten Straßenverbindungen von und nach Kerry sind die N21 von Limerick und die N22 von Cork. Sie enden beide in Tralee. Die N70, größtenteils identisch mit der bekannten Küstenstraße Ring of Kerry, umrundet von Kenmare aus die Iveragh-Halbinsel und führt über Killorglin nach Cork. Über die N71 führt eine Verbindung von Killarney nach West-Cork. Die N72 ist eine Querverbindung von Killorglin über Killarney in den Norden von Cork. Die Busverbindungen zwischen den größeren Ortschaften werden von Bus Éireann betrieben; dabei sind Killarney und Tralee zentrale Umsteigepunkte.

Von dem einst beträchtlichen Bahnnetz in Kerry ist nur noch die Strecke von Tralee über Killarney nach Mallow im County Cork geblieben. Von dort bestehen Anschlussmöglichkeiten nach Dublin und Cork. Die restlichen Verbindungen wurden zwischen 1950 und 1970 stillgelegt. So gab es früher auch Bahnverbindungen von Tralee über Listowel nach Limerick oder von Farranfore nach Valentia. Die Dingle-Halbinsel war mit einer Schmalspurbahn an das Bahnnetz angeschlossen. Ein kleines Teilstück dieser Strecke wird heute noch zwischen Tralee und Blennerville für Touristen betrieben.

Seit 1989 ist die Grafschaft Kerry auch über den Flughafen Kerry (IATA-Code "KIR") erreichbar, der 20 km nördlich von Killarney bei Farranfore liegt. Aus Deutschland gab es 2007 mehrere Flüge täglich via Dublin und einen täglichen Flug vom Flughafen Hahn sowie vom Flughafen Weeze (bei Goch) mit Ryanair. Weitere internationale Ziele sind London, Manchester und Lorient.

Von Tarbert, an der N69 von Tralee nach Limerick, gibt es eine Fährverbindung über den Shannon nach Killimer im County Clare. Sie erspart den ungefähr 140 Kilometer langen Umweg über Limerick.

Einzelnachweise

[1] Zum *mythischen Krieger-König* Fergus siehe auch Ulster-Zyklus

Literatur

- T. M. Charles-Edwaards: *Early Irish and Welsh Kinship*. Oxford University Press 1993 ISBN 978-0-19-820103-8

Weblinks

- Grafschaft Kerry (http://www.kerrycoco.ie) (englisch)
- Flughafen Kerry (http://www.kerryairport.ie) (englisch)
- Killarney National Park (http://homepage.tinet.ie/~knp/) (englisch)
- Reisen in Westirland (http://www.westirland.com/)
- Karte von Kerry und Cork (http://www.foundmark.com/Ireland/lists/DownMap/BigMap.JPG) (vergrößerbar)
- Alles über Kerry (http://www.go2kerry.de)

Koordinaten:
[//toolserver.org/~geohack/geohack.php?pagename=County_Kerry&language=de&params=52.13_N_9.66_W_region:IE_type:adm2
52° 8′ N, 9° 40′ W]

Synode_von_Rathbreasail

Die **Synode von Rathbreasail** (irisch: *Sionad Ráth Bhreasail*) fand im Jahre 1111 in Irland statt. Rathbreasail liegt in der Nähe von Mountrath, im County Offaly. Es war die zweite der vier großen Reformsynoden (Konzile). Die anderen drei waren Cashel (1101) und (1172) und Kells-Mellifont (1152).

Vorgeschichte

Die Synode von Cashel im Jahre 1101 verabschiedete verschiedene Dekrete und verbietet den Geistlichen Scheidung, Inzest und Priesterehe. Eine wesentliche Errungenschaft der Synode lag in der zugesicherten Unabhängigkeit des kirchlichen Besitzes und der kirchlichen Ämter von den weltlichen Herrschern. Entsprechend wurde die Praxis der Vererbung von Kirchenämtern an Laien für unzulässig erklärt.

Die Synode 1111

Die Synoden des 12. Jahrhunderts kennzeichnen den Übergang von der altirischen klösterlichen Kirche ohne zentrale Gewalten zur römischen Bischofskirche, mit der Unterordnung der 36 irischen Bistümer und der Klöster. An der Synode von 1111 nahmen 50 Bischöfe, 300 Priester und über 3000 Laien teil. Sie stellte zwei Kirchenprovinzen her:

- Armagh - mit dem Erzbischof Cellach Mac Aodh (1080-1129)
- Cashel - mit dem Erzbischof Maol Muire Ua Dunáin (1040-1117) dem Organisator der Synode von 1101.

Jede Provinz bestand aus zwölf Diözesen. Die genauen Grenzen der Diözesen wurden nur vage definiert. Die Synode unterstellte Waterford, das zuvor von Canterbury abhängig war, dem Erzbischof von Cashel.

Folgende 24 Diözesen wurden von der Synode eingerichtet, aber teilweise von der folgenden Synode nicht bestätigt bzw. verändert. Auf der so genannten kleinen *Synode von Uisneach*, vom Abt von Clonmacnoise noch im Jahre 1111 einberufen, wurden einige Änderungen, Clontard und Duleek betreffend, vorgenommen und eine Diözese Clonmacnoise ausgerufen, aber bis 1160 wurden die Bischöfe in Duleek ernannt:

1. Ardagh: Ost-Connacht

2. Ardstraw: Tír Eoghain (ausgenommen Inis Eoghain), heute röm.-kathol. Titularbistum
3. Clogher: Königreich von Uí Chremthainn
4. Clonard: West-Meath †, heute röm.-kathol. Titularbistum
5. Clonfert: Gegend des Uí Maine
6. Connor: in Dalriada
7. Cong wurde eine der fünf Diözesen von Connacht, aber es wurde kein Bischof notiert. Heute röm.-kathol. Titularbistum
8. Cork
9. Down: Gegend von Ulidia
10. Duleek: Ost-Meath †, heute röm.-kathol. Titularbistum
11. Elphin: Ost-Connacht
12. Emly in Limerick
13. Ferns
14. Glendalough in County Wicklow, heute Titularbistum
15. Kildare
16. Kilkenny (später umbenannt in Ossory): Gegend von Osraige
17. Killala: Gegend des Uí Fiachrach
18. Killaloe: Gegend von Uí Fiachrach Aidhne
19. Leighlin: Eine von fünf Diözesen von Leinster
20. Limerick
21. Raphoe: Tír Chonaill und Inis Eoghain
22. Ratass: Gegend des Ciarraighe, des Corca Dhuibhne und des Eoghanacht Locha Léin (verlegt nach Ardfert ab 1117)
23. Tuam: Eine von fünf Diözesen in Connacht
24. Waterford

Die Diözese Dublin, bis 1096 von Canterbury bestätigt, wurde erst 1152 (Synode von Kells) in der Liste der Diözesen aufgenommen und 1216 mit Glendalough vereinigt.

Viele römisch-katholische und protestantische Diözesen haben noch heute Grenzen die auf Entscheidungen beruhen, die von den vier Synoden in getroffen wurden.

Weblinks

- Die Diözesen von Irland, Territorialgeschichte [1]

References

[1] http://www.rootsweb.ancestry.com/~irlkik/ihm/diocese.htm

Reformation

Reformation (von lat. *reformatio* „Wiederherstellung, Erneuerung“) bezeichnet im engeren Sinn eine kirchliche Erneuerungsbewegung zwischen 1517 und 1648, die zur Spaltung des westlichen Christentums in verschiedene Konfessionen (katholisch, lutherisch, reformiert) führte.

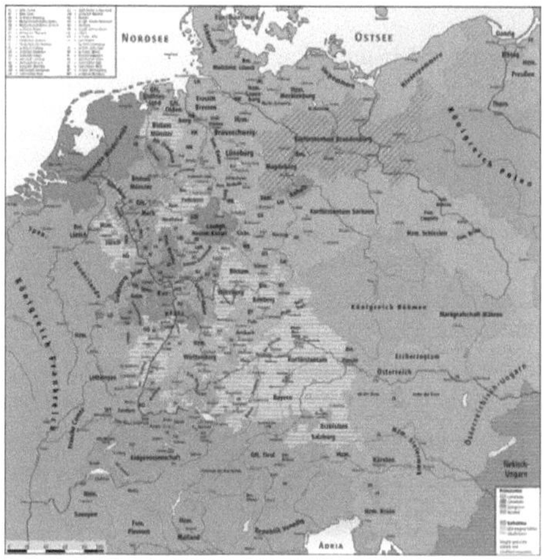

Die Konfessionen in Zentraleuropa um 1618

Die Reformation wurde in Deutschland überwiegend von Martin Luther, in der Schweiz von Johannes Calvin und Huldrych Zwingli angestoßen. Ihr Beginn wird allgemein auf 1517 datiert, als Martin Luther seine 95 Thesen auf die Tür der Schlosskirche zu Wittenberg geschlagen haben soll, aber ihre Ursachen und Vorläufer reichen weiter zurück in die Geschichte. Die Entwicklung wird allgemein als mit dem Westfälischen Frieden 1648 für abgeschlossen betrachtet.[1]

Anfänglich war die Bewegung ein Versuch, die römisch-katholische Kirche zu reformieren. Viele Katholiken in West- und Mitteleuropa waren beunruhigt durch das, was sie als falsche Lehren und Missbräuche innerhalb der Kirche sahen, besonders in Bezug auf die Lehre über und den Verkauf von Ablassbriefen. Ein weiterer Kritikpunkt war die Käuflichkeit kirchlicher Ämter (Simonie), die den gesamten Klerus in den Verdacht der Korruption brachte.

Die Reformbewegung spaltete sich aufgrund unterschiedlicher Lehren in verschiedene protestantische Kirchen auf. Die wichtigsten Konfessionen, die aus der Reformation hervorgegangen sind, sind die Lutheraner und die Reformierten (darunter auch Calvinisten, Zwinglianer und Presbyterianer). Hinzu kommen die radikal-reformatorischen Täufer. In Ländern außerhalb Deutschlands verlief die Reformation zum Teil ganz anders. So entstand in England der Anglikanismus. In Ländern, die der römischen Kirche treu blieben, kamen manche Anliegen der Reformation in der Gegenreformation und auch der katholischen Reform zum Ausdruck.

Voraussetzungen

Dass die Reformation gerade in Deutschland begann und so einen durchschlagenden Erfolg hatte, lässt sich durch mehrere Faktoren erklären.

Geistesgeschichtliche Faktoren

Humanismus und Buchdruck

Der Humanismus war eine seit dem 14. Jahrhundert aus Italien ausstrahlende Bildungsbewegung, die für eine Wiederbelebung der antiken Gelehrsamkeit eintrat. Gemäß ihrem Prinzip *Ad fontes* („Zu den Quellen") widmeten sich die Humanisten dem Studium antiker Autoren und entwickelten daraus eine kritische Haltung gegenüber der Gegenwart. Der Humanismus wirkte auf die Universitäten dieser Zeit und prägte viele spätere Reformatoren. Besonders die intensive Lektüre der Bibel und der Kirchenväter fanden später ihre Entsprechung im reformatorischen Schriftprinzip. Hinzu kam die Erfindung des Buchdrucks mit beweglichen Lettern Mitte des 15. Jahrhunderts, der eine regelrechte Medienrevolution auslöste. Die Reformatoren nutzten das neue Massenmedium, um ihre Schriften zu verbreiten.

Erasmus von Rotterdam

Soziale und wirtschaftliche Faktoren

Das 16. Jahrhundert war geprägt von tiefen gesellschaftlichen Umwandlungsprozessen. Ein Grund war die zunehmende Bedeutung der Städte. Durch Handel hatte sich in den Städten eine Bürgerschicht gebildet, die über beträchtliche Finanzkraft verfügte (z. B. die Fugger in Augsburg). Man spricht in diesem Zusammenhang auch vom Frühkapitalismus. Die Patrizier in den Städten übertrafen den landsässigen Adel oft in ihrer Wirtschaftskraft, da sich dieser ausschließlich in der Landwirtschaft betätigte. Die Landwirtschaft beruhte auf der Arbeit der Bauern, die den Großteil der Bevölkerung bildeten. Sie lebten weitgehend am Existenzminimum und litten unter Steuern, Abgaben, Frondiensten und Leibeigenschaft. Hinzu kam, dass durch den stetigen Zustrom von Edelmetallen aus den spanischen Kolonien in Amerika der Geldwert sank (Inflation). Die Kaufkraft der Bevölkerung sank zum Teil dramatisch, so dass Wirtschaftshistoriker von der „Preisrevolution" sprechen. Darüber hinaus wuchs die Bevölkerung von 1470 an stetig. Man nimmt an, dass zwischen 1500 und 1600 die Bevölkerung des Reichs von 12 auf 15 Millionen anstieg. Durch den Bevölkerungszuwachs verteuerten sich die Nahrungsmittel, während Arbeitskräfte billiger wurden. Diese sozial und wirtschaftlich prekäre Lage führte seit dem Ende des 15. Jahrhunderts immer wieder zu Aufständen, die im Deutschen Bauernkrieg 1525 gipfelten.

Politische Faktoren

Reichsverfassung

Kaiser Karl V.

Das Heilige Römische Reich deutscher Nation bestand aus vielen Einzelterritorien, war also kein zentralisierter Staat wie England oder Frankreich. Der Kaiser als höchste Instanz im Reich wurde von den Kurfürsten gewählt, musste ihnen aber in der so genannten Wahlkapitulation die Wahrung ihrer territorialen Rechte zugestehen. Das höchste gesetzgebende Organ des Reiches waren die Reichstage, die vom Kaiser, meist wenn dieser Geld brauchte, einberufen wurden. Der Kaiser konnte Gesetze nicht allein verabschieden, sondern benötigte die Zustimmung des Reichstages, auf dem die Kurfürsten, der Hochadel im Reichsfürstenrat und die Reichsstädte stimmberechtigt waren. Aus diesem Grund spricht man vom Dualismus zwischen Kaiser und Reichsständen. Dies war ein wesentlicher Faktor bei der Ausbreitung der Reformation. Aufgrund der fehlenden Zentralinstanz im Reich entschied sich das Schicksal der Reformation auf territorialer Ebene. Dies führte zu einer konfessionellen Fragmentierung des Reiches, die der Kaiser verhindern wollte, es aber aufgrund seiner fehlenden Macht nicht konnte. Ein weiterer Grund war, dass Karl V. in den ersten Jahren nach Luthers Thesenveröffentlichung sich kaum im Reich aufhielt und mit Kriegen gegen Frankreich und das Osmanische Reich beschäftigt war, so dass er sich um die Angelegenheiten im Reich kaum kümmern konnte. Außerdem lag die Einführung der Reformation oft im Interesse der einzelnen Landesfürsten, die sich dadurch von Kaiser und Papst emanzipieren konnten.

Politische Situation in Europa

Zu den verfassungsmäßigen Problemen im Reich kam die politische Situation in Europa. Diese war in erster Linie geprägt durch den Gegensatz von Habsburg und Frankreich. Kaiser Karl V. und der französische König Franz I. führten zwischen 1521 und 1544 mit nur kurzen Unterbrechungen drei Italienkriege um die Vormachtstellung in Oberitalien und die Herrschaft über die burgundischen Erblande, auf die beide Anspruch erhoben. Das Habsburger Reich erstreckte sich über das Reich in Zentraleuropa, Spanien (mit Süditalien) und die spanischen Kolonien in der Neuen Welt. Frankreich war von zwei habsburgischen Territorien umklammert. Das Ziel Karls V. war die Verbindung des Reiches mit Spanien durch die Annexion Südfrankreichs. Franz I. wollte dies um jeden Preis verhindern. Auch der Papst fürchtete eine Übermacht der Habsburger und verbündete sich zeitweise mit dem französischen König.

Hinzu kam die dauernde Türkengefahr im Südosten Europas. 1526 hatten die Osmanen in der Schlacht von Mohács die Ungarn besiegt und belagerten 1529 Wien, das zu den habsburgischen Erblanden gehörte. Der Kaiser war gezwungen, Geld und Truppen aufzubringen, um dieser Gefahr zu begegnen. Dazu benötigte er die Zustimmung der Reichsstände, was seine Position im Reich schwächte.

Aufgrund der zahlreichen Verpflichtungen außerhalb des Reichs befand sich Karl V. 1521–1530 und 1532–1541 nicht im Reich, was der Reformation Zeit ließ, um sich unbehelligt auszubreiten.

Religiöse Faktoren

Mystik und Devotio moderna

Im Gegensatz zur Scholastik, welche die Welt zerlegen und rational durchdringen wollte, strebte die Mystik einen ganzheitlichen Zugang an. Zentrale Vorstellungen der Mystik sind die Leerwerdung, das Loslassen von Begierden und Leidenschaften, damit sich der Geist Gottes im Menschen ausbreiten kann. Nicht die theologische Spekulation, sondern die individuelle praktische Erfahrung war das Ziel der Mystiker. Zum einen gab es die zisterziensisch geprägte „romanische Mystik", die vor allem von Bernhard von Clairvaux geprägt wurde und welche eine Einswerdung mit Christus („unio cum Christo") sowie eine Hineinversenkung in sein Leiden zum Ziel hatte. Davon unterscheidet man die dominikanisch geprägte „deutsche Mystik", deren Hauptvertreter Meister Eckhart, Johannes Tauler und Heinrich Seuse waren. Taulers Predigten und die ihm fälschlicherweise zugeschriebene Schrift *Theologia deutsch* übten großen Einfluss auf Luther aus.

Die Reformbewegung Devotio moderna („moderne Frömmigkeit") geht auf den niederländischen Theologen und Bußprediger Geert Groote zurück. Sie war vor allem in den Niederlanden und im Nordwesten des Reiches verbreitet. Sie verband mystische Einflüsse mit einer stark ethisch und praktisch ausgerichteten Frömmigkeit. Das Idealbild der Brüder vom gemeinsamen Leben, die in klosterähnlichen Gemeinschaften ohne Ordensgelübde zusammenlebten, war die christliche Urgemeinde. Die *Devotio moderna* übte großen Einfluss auf den „Humanistenfürsten" Erasmus von Rotterdam aus. Als Hauptwerk der *Devotio moderna* gilt *De imitatione Christi* („Von der Nachfolge Christi") von Thomas von Kempen, eines der meistgelesenen Bücher des Spätmittelalters. Es betont die unmittelbare Beziehung des Gläubigen mit Gott, ein Gedanke, der später von den Reformatoren stark hervorgehoben wurde.

Spätmittelalterliche Frömmigkeit

Durch die großen Pest-Epidemien im Hoch- und Spätmittelalter, die ganze Landstriche entvölkert hatten, aber auch durch die hohe Säuglingssterblichkeit war der Tod für die Menschen allgegenwärtig. Dieses fand künstlerischen Ausdruck in den „Totentänzen". Die Angst vor dem Tod ging einher mit der Angst vor dem individuellem Partikulargericht direkt nach dem Tod sowie dem Jüngsten Gericht in der Endzeit. Im Bewusstsein ihrer Sündhaftigkeit dürsteten die Menschen nach Dingen, die sie ihres jenseitigen Heils versicherten. Dazu gehörten fromme Stiftungen, Seelenmessen, Wallfahrten, Prozessionen und der Erwerb von Ablassbriefen, durch die die Zeit im Fegefeuer verkürzt werden sollte. All diese Leistungen konnten gegen Geld von der Kirche erworben werden. Man spricht daher auch von der „Fiskalisierung" der Religion. Die starke Verinnerlichung der Frömmigkeit ging einher mit einer starken Veräußerlichung. So ist die spätmittelalterliche Frömmigkeit im Wesentlichen eine Sakramentsfrömmigkeit, die zum Teil magische Elemente beinhaltete.

Totentanz (1493)

Das Jüngste Gericht von Hans Memling (um 1470)

Antiklerikalismus

Der Durst der Menschen nach Heil kontrastierte scharf mit der kirchlichen Wirklichkeit. Durch das Abendländische Schisma, während dessen mehrere Päpste Anspruch auf die Nachfolge Petri erhoben und sich gegenseitig exkommuniziert hatten, war die

Bedeutung des Papsttums für die Gläubigen relativiert worden. Dennoch konnte der Papst den innerkirchlichen Streit um die Kirchenreform gegen die Vertreter der Konziliarismus für sich entscheiden. Da er den Kirchenstaat wie ein weltlicher Herrscher regierte, hatte er kein Interesse, seine Macht durch Konzilien einschränken zu lassen. Für seine Hofhaltung, die der italienischer Fürsten glich, benötigte der Papst Geld, welches er durch den Zehnten und die oben genannten Dienstleistungen eintreiben ließ. Verantwortlich dafür waren die Pfarrer vor Ort, die meist schlecht ausgebildet und selbst völlig unterbezahlt waren. Da sie selbst von Abgaben befreit waren, sonst aber meist wie Laien lebten, oft auch verheiratet, schürte dies den Antiklerikalismus im Volk. Der hohe Klerus hingegen bestand meist aus Mitgliedern adliger Familien, die ihre kirchlichem Ämter vor allem wegen der damit verbundenen Pfründen innehatten. Ämterkauf war ein gängiges Phänomen, ebenso wie die Vergabe lukrativer Ämter an Verwandte (Nepotismus). Ihre Ämter übten hohe Kleriker oft nicht selbst aus, sondern gaben die seelsorgerlichen Verpflichtungen an einen weniger gut bezahlten Kleriker ab. So konnten sie sich einem bequemen Leben widmen, oft auch im Konkubinat.

Dieses Auseinanderklaffen von Anspruch und Wirklichkeit der „Heilsanstalt" Kirche sowie die weitgehende Verweltlichung des Klerus förderten die antikirchliche Stimmung im Volk.

Reformbewegungen

Schon vor dem eigentlichen Beginn der Reformation gab es innerkirchliche Reformbemühungen. Der Pfarrer John Wyclif, der im 14. Jahrhundert in England wirkte, gilt als „Vorläufer der Reformation". Zunächst Lehrer in Oxford übernahm er 1374 eine Pfarrei in Lutterworth. Zu diesem Zeitpunkt herrschte in England aufgrund der Steuern, die an Rom abzuführen waren, eine stark antipäpstliche Stimmung. Wyclif vertrat unter Berufung auf die Bibel ein kirchliches Reformprogramm und kritisierte offen die Missstände im Klerus. Er lehnte Bilder-, Heiligen- und Reliquienkult sowie Zölibat und Transsubstantiationslehre ab. Für seine Reformvorschläge erhielt er zunächst Unterstützung vom englischen König, der um eine größere Autonomie der Kirche in England bemüht war. Nachdem der Papst einen Prozess gegen Wyclif eingeleitet hatte, bezeichnete dieser ihn als „Antichrist". Durch den Einfluss der Orden wurden Wyclifs Lehren von der Universität und der Synode als häretisch verurteilt, Wyclif selbst aber aus Angst vor einem Volksaufstand nicht angeklagt.

John Wyclif

Erst das Konstanzer Konzil verurteilte ihn 1415 zum Ketzer und ließ seine Gebeine posthum verbrennen. Seine Ideen lebten in der Bewegung der Lollarden weiter.

Ausdrücklich auf Wyclif berief sich Jan Hus, der an der Universität in Prag mit Gedankengut von Wyclif in Berührung kam, das über tschechische Studenten aus Oxford in die Stadt gelangt war. Hus studierte Theologie und wurde Professor an der Universität. Er kritisierte offen die Habsucht und Verweltlichung des Klerus und plädierte für eine grundlegende Reform auf der Grundlage der Bibel. Außerdem erkannte er den Papst nicht als höchste Autorität in Glaubensdingen an. Hus' Kritik stieß zur Beunruhigung der Kirche in der Bevölkerung auf großen Zuspruch. 1408 wurde er seines Amtes enthoben und 1411 exkommuniziert, woraufhin in Prag Unruhen ausbrachen. Hus wirkte als Wanderprediger weiter und entwarf eine Lehre von der Kirche als hierarchiefreie Gemeinde unter dem Haupt Christus. 1414 wurde Hus vor das Konstanzer Konzil geladen, wo er seine Aussagen widerrufen sollte. Entgegen der Zusage freien Geleits durch König Sigismund wurde Hus 1415 als Ketzer verbrannt. In der Folge bildeten sich zahlreiche Strömungen, die sich direkt auf Jan Hus bezogen und daher Hussiten genannt wurden. Von 1419 bis 1436 kam es in Böhmen zu kriegerischen Auseinandersetzungen zwischen diesen Gruppen und dem böhmischen König (Hussitenkriege).

Jan Hus

Zahlreiche von John Wyclif und Jan Hus formulierte Kritikpunkte und Vorschläge wurden von den Reformatoren aufgenommen und weiterentwickelt.

Luthertum in Deutschland

Frühphase (1517–1519)

Reformatorischer Durchbruch

Martin Luther

Martin Luther war 1505 als Mönch in den Orden der Augustiner-Eremiten eingetreten. Seit 1512 arbeitete Luther als Professor an der Universität Wittenberg und hielt Vorlesungen über die Bücher der Bibel. Die Auslegung des Römerbriefs und die intensive Beschäftigung mit der paulinischen Theologie beeinflussten sein Denken zutiefst. Luther hatte bis dahin immer am Bewusstsein seiner Sündhaftigkeit und des drohenden Gerichts gelitten. Der Begriff der „Gerechtigkeit Gottes“ war ihm zutiefst verhasst. Seinem damaligen Gerechtigkeitsbegriff lag die Vorstellung der *iusititia distributiva* („der verteilenden Gerechtigkeit“) zugrunde. Nach dieser Gerechtigkeitskonzeption bekommt jeder das, was ihm zusteht (*suum cuique* - jedem das Seine). Durch die Beschäftigung mit der paulinischen Rechtfertigunglehre erschloss sich Luther ein neues Verständnis der Gerechtigkeit Gottes, die er nun als *iustitia passiva* verstand: „Denn darin wird offenbart die Gerechtigkeit, die vor Gott gilt, welche kommt aus Glauben in Glauben; wie geschrieben steht: ‚Der Gerechte wird aus Glauben leben.‘“ (Röm 1,17 [2]). Gott ist gerecht, indem er gerecht macht. Der Sünder kann seine Rechtfertigung also nicht durch Werke verdienen, sondern nur im Glauben von Gott gerechtfertigt werden.

Der Zeitpunkt des reformatorischen Durchbruchs ist in der Forschung umstritten. Im Anschluss an eine Tischrede Luthers wurde die reformatorische Entdeckung oft als plötzliche Erkenntnis („Turmerlebnis“) dargestellt. In der heutigen Forschung geht man eher von einem graduellen Erkenntnisprozess von 1514–1518 aus.

Auslöser

Albrecht von Brandenburg

Ein konkreter politischer Anlass für die Reformation war das Vorgehen von Albrecht von Brandenburg, der bereits Erzbischof von Magdeburg war, auch Erzbischof von Mainz und damit Kurfürst zu werden. Da solche Ämterhäufung gegen das kanonische Recht verstieß, musste Albrecht von Papst Leo X. eine Sondergenehmigung (Dispens) käuflich erwerben. Darüber hinaus waren vom Mainzer Domkapitel Palliengelder für die Wahl des neuen Bischofs an den Papst zu entrichten. Da die finanziellen Mittel des Domkapitels erschöpft waren, musste Albrecht einen Weg finden, um das erforderliche Geld zu beschaffen.

Im Zuge des Neubaus des Petersdoms, den Papst Julius II. angestrengt hatte, waren dessen Nachfolger in ständiger Geldnot. Papst Leo X. hatte aus diesem Grund den so genannten *Petersablass* eingeführt. Die Abmachung des Papstes mit Albrecht von Brandenburg sah vor, dass dieser sich das Geld bei den Fuggern leihen und an den Papst zahlen sollte. Im Gegenzug erhielt Albrecht von Brandenburg für acht Jahre das Recht, in seinen Territorien den Petersablass einsammeln zu lassen. Die Hälfte des Geldes ging an Rom, die andere Hälfte verblieb bei Albrecht, der damit seine Schulden bei den Fuggern bezahlen konnte.

So kam es, dass seit 1517 der Dominikanermönch Johann Tetzel durch das Bistum Magdeburg, das Nachbarterritorium von Wittenberg zog, und den Ablass predigte. Auch Gemeindeglieder aus Wittenberg, deren Prediger und Seelsorger Luther war, gingen in die benachbarten Städte, um *Ablassbriefe* zu erwerben.

Luthers Kritik am Ablasswesen

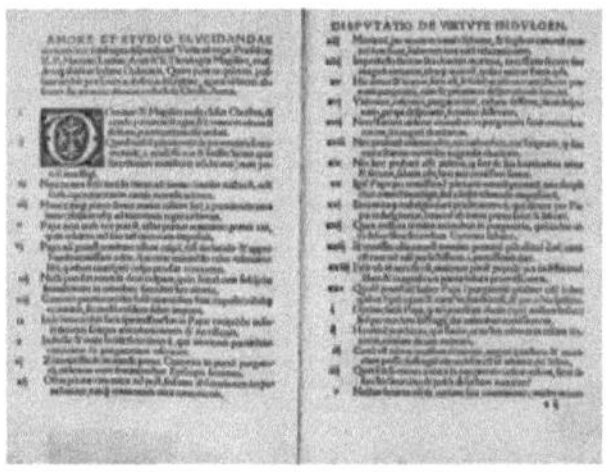

Luthers 95 Thesen

Luther kritisierte das Ablasswesen, da die Glaubenden sich dadurch in der falschen Sicherheit ihres Heils wähnten. Die innere Reue des Christen reiche, damit ihm Gott die Sünden vergibt. Es bedürfe nicht der sakramentalen Vermittlung, schon gar nicht durch den Verkauf von Ablässen. Aus diesem Grund verfasste Luther auf Latein 95 Thesen gegen den Ablass, welche die Grundlage für eine gelehrte Disputation sein sollten. Diese übersandte er am 31. Oktober 1517 an den Erzbischof von Mainz, von dem er glaubte, dieser wüsste nichts vom Missbrauch des Ablasses. Dieses Datum wird von evangelischen Christen zum Gedenken an den berühmten Thesenanschlag als Reformationstag begangen. Ob Luther seine Thesen tatsächlich an die Tür der Schlosskirche zu Wittenberg genagelt hat, ist umstritten. Die Thesen wurden entgegen der ursprünglichen Absicht Luthers ins Deutsche übersetzt und verbreiteten sich schnell. Wenige Monate später veröffentlichte Luther im März 1518 die auf Deutsch verfasste Schrift *Sermon von dem Ablass und Gnade*, in der er seine Kritik am Ablass erläuterte. Im April 1518 nahm Luther am Ordenskapitel in Heidelberg teil, um seine Thesen zu erklären. An der so genannten Heidelberger Disputation nahmen viele spätere Reformatoren (wie Philipp Melanchthon, Martin Bucer, Johannes Brenz, Erhard Schnepf und Martin Frecht) teil, die Luthers Kritik an der Werkgerechtigkeit begeistert aufnahmen.

Albrecht von Brandenburg erhielt den Brief mit den 95 Thesen in seiner Sommerresidenz in Mainz und leitete sofort ein kirchenamtliches Verfahren gegen Luther ein. Außerdem beauftragte er die Universität Mainz mit einem Gutachten. Noch bevor das Gutachten vorlag, sandte Albrecht die Angelegenheit nach Rom, um den aufmüpfigen Mönch aus Wittenberg ruhig zu stellen.

Ketzerprozess gegen Luther

Leipziger Disputation 1519

Die Kurie ordnete zunächst eine Voruntersuchung gegen Luther an, in deren Verlauf Silvester Mazzolini mit seiner Schrift *De potestate papae dialogus* zu dem Ergebnis kam, dass bereits die Kritik an der Praxis des Papstes Häresie sei. Daraufhin wurde Luther im August nach Rom zitiert, was dessen Landesherr Friedrich der Weise aber zu verhindern wusste. Dieser hatte zu jenem Zeitpunkt in seiner Eigenschaft als Kurfürst großen Einfluss, da er über die Wahl des nächsten Kaisers mitbestimmte und der Papst die Wahl Karls V. verhindern wollte und am liebsten ihn als Kaiser gesehen hätte. Als Kompromiss wurde Luther im Oktober 1518 auf dem Reichstag zu Augsburg von Kardinal Cajetan verhört. Dieser sollte Luther zum Widerruf bewegen oder ihn andernfalls mit dem Bann belegen. Luther widerrief seine Kritik am Ablasswesen nicht und bekräftigte seine Auffassung, dass nicht das Sakrament, sondern allein der Glaube rechtfertige. Cajetan forderte daraufhin die Auslieferung Luthers, was Friedrich ablehnte. Luther appellierte an den Papst, den er nach wie vor glaubte, mit den Belegen aus der Schrift von der Richtigkeit seiner Thesen überzeugen zu können.

Im Juni des folgenden Jahres kam es in Leipzig zur Leipziger Disputation. Die Disputation wurde von der altehrwürdigen Universität Leipzig organisiert, die in der noch jungen aber durch Luther bereits bekannten Universität Wittenberg eine Konkurrenz sah. Es diskutierten der Theologieprofessor Johannes Eck (als Vertreter der Papstkirche) zunächst mit dem Wittenberger Dozent Andreas Bodenstein (genannt *Karlstadt*) und dem jungen Griechischprofessor Melanchthon. Im Verlauf der Disputation übernahm Luther die Wortführung auf der Wittenberger Seite. Eck gelang es, Luther zur Bestreitung der Unfehlbarkeit des Papstes und der Konzilien zu bewegen. Er brachte ihn sogar zu der Aussage, das Konstanzer Konzil habe Artikel des Ketzers Jan Hus verurteilt, obwohl sie gut evangelisch seien. Damit hatte Eck Luther als „den neuen Hus" entlarvt. Die Leipziger Disputation vergrößerte die Kluft zwischen Luther und der katholischen Kirche. Wer die Disputation nun „gewonnen" hat ist unklar. Sowohl Eck als auch Luther sahen sich selbst als Sieger.

Entfaltung des reformatorischen Programms (1520)

Die Reformatorischen Hauptschriften

Das Jahr 1520 stellt einen Wendepunkt in der reformatorischen Bewegung dar. Mit den drei so genannten Reformatorischen Hauptschriften entwickelte Luther ein theologisches Programm, das die Grundlage des späteren Luthertums bildet. In der ersten Hauptschrift *An den christlichen Adel deutscher Nation von des christlichen Standes Besserung* forderte er die weltliche Obrigkeit auf, angesichts der innerkirchlichen Reformunfähigkeit die Kirchenreform selbst in die Hand zu nehmen. Er unterbreitete ein sozial-politisches Reformprogramm, das ein staatliches Bildungswesen, Armenfürsorge sowie die Abschaffung von Zölibat und Kirchenstaat vorsah. In der Schrift formulierte er außerdem die Lehre vom Priestertum aller Getauften, mit der er die traditionelle Hierarchie zwischen Klerikern und Laien abschaffen wollte. Den päpstlichen Anspruch, dass allein das päpstliche Lehramt zur verbindlichen Auslegung der Schrift befugt sei, lehnte Luther ab. Darüber hinaus kritisierte er die Fiskalisierung der Kirche, was ihm gerade im niederen Adel und bei den Reichsrittern große Sympathien einbrachte. Die Schrift wurde ein publizistischer Erfolg.

An den christlichen Adel deutscher Nation

Von der babylonischen Gefangenschaft der Kirche

In der lateinisch verfassten zweiten Hauptschrift *De captivitate Babylonica ecclesiae* (Von der babylonischen Gefangenschaft der Kirche), die für ein akademisches Publikum bestimmt war, kritisierte Luther die katholische Sakramentenlehre. Unter Berufung auf die Schrift reduzierte er die Siebenzahl der Sakramente auf drei (Taufe, Abendmahl, Buße). Er kritisierte die katholische Konkomitanz-Lehre, derzufolge beim Genuss der geweihten Hostie der Wein „mitgetrunken" wird, und forderte den Laienkelch. Er kritisierte außerdem die Transsubstantiations- und die Messopfer-Lehre.

In der dritten reformatorischen Hauptschrift *Von der Freiheit eines Christenmenschen* thematisiert Luther die evangelische Freiheit. In Anlehnung an die Zwei-Naturen-Lehre lebe ein Christ immer in zweifacher Hinsicht: Im Blick auf Gott („coram Deo") und im Blick auf die Welt („coram mundo"). Im Blick auf Gott, der den Sünder allein durch Gnade rechtfertigt, ist der Mensch von Werken frei. Im Blick auf die Welt hingegen muss sich der Glaube bewähren und in guten Werken manifestieren. Der Christ ist gleichzeitig gerechtfertigt, nämlich im Hinblick auf Gott, und Sünder, nämlich im Hinblick auf die Welt („simul iustus et peccator"). Hier klingt Luthers Zwei-Reiche-Lehre an. Danach existiert jeder Christ in zwei Bereichen („Regimentern"), dem weltlichen, in dem das „Gesetz des Schwertes" gilt, und dem geistlichen, in dem das göttliche Wort gilt. Diese Konstruktion diente dazu, trotz des biblischen Liebesgebots Gewaltanwendung durch die Obrigkeit zur Wahrung des Friedens und der Ordnung zu legitimieren.

Grundlagen reformatorischer Theologie

Die wesentlichen Punkte der Reformation, die auch heute noch gemeinsamer Nenner der aus der Reformation hervorgegangenen Kirchen sind, werden oft mit den so genannten Exklusivpartikeln, den vier *soli* („allein“) zum Ausdruck gebracht:

- sola gratia - allein durch die Gnade Gottes wird der glaubende Mensch errettet, nicht durch seine Werke
- sola fide - allein durch den Glauben wird der Mensch gerechtfertigt, nicht durch gute Werke
- sola scriptura - allein die Schrift ist die Grundlage des christlichen Glaubens, nicht die kirchliche Tradition
- solus Christus - allein die Person, das Wirken und die Lehre Jesu Christi können Grundlage für den Glauben und die Errettung des Menschen sein

Die Exklusivpartikel formulieren einprägsam die zentralen reformatorischen Lehren (Rechtfertigung und Schriftprinzip), von denen her alle anderen theologischen Lehrstücke bestimmt werden.

Bann und Wormser Reichstag

Luther auf dem Wormser Reichstag 1521

Nach der Wahl Karls V. zum Kaiser war der Prozess gegen Luther fortgesetzt worden. Am 15. Juni 1520 drohte der Papst Luther mit der Bulle *Exsurge Domine* den Kirchenbann an. Binnen 60 Tagen sollte Luther zum Widerruf gezwungen werden. Am Tage des Ablaufs der Frist verbrannte Luther öffentlichkeitswirksam die Bannandrohungsbulle und das kanonische Recht. Der Papst, den Luther nun als *Antichrist* beschimpfte, reagierte am 3. Januar 1521, indem er Luther mit der Bulle *Decet Romanum Pontificem* exkommunizierte. Nach dem Reichsrecht folgte auf eine Exkommunikation die Verhängung der Reichsacht über den Gebannten. Durch zähes Verhandeln erreichte Luthers Landesherr Friedrich der Weise, dass dieser trotz des Kirchenbanns auf dem Wormser Reichstag durch den Kaiser verhört wurde. Gegen den Einspruch des Papstes empfing Karl V. Luther am 17. April 1521 in Worms. Luther wurde gefragt, ob er sich zu seinen Schriften bekenne und ob er zum Widerruf bereit sei. Nach einem Tag Bedenkzeit bekannte er sich zu seinen Schriften, lehnte den Widerruf aber ab, solange er nicht durch die Heilige Schrift widerlegt sei. Gegen die Autorität des Papstes und der Konzilien berief sich Luther, gemäß dem reformatorischen Schriftprinzip, allein auf die Autorität der Schrift. Besonders seine historisch nicht belegten Worte *„Hier stehe ich. Gott helfe mir. Ich kann nicht anders“* prägten das geschichtswirksame Lutherbild als den Begründer der Gewissensfreiheit. Im Reichstagsabschied vom 30. April 1521 wurde die Reichsacht über ihn verhängt und Luther für vogelfrei erklärt (Wormser Edikt). Da ihm der Kaiser freies Geleit zugesagt hatte, gewährte man ihm 21 Tage Frist, während der er sich in Sicherheit bringen sollte. Auf dem Rückweg nach Sachsen wurde er im Thüringer Wald in einem Scheinüberfall von sächsischen Soldaten entführt und auf die Wartburg gebracht.

Aufbau eines evangelischen Gemeindelebens (1522–1524)

Luther auf der Wartburg

Die Wartburg bei Eisenach

Von Mai 1521 bis März 1522 hielt sich Luther als „Junker Jörg" getarnt auf der Wartburg auf. Er nutzte die Zeit intensiv und schuf die Grundlagen für ein evangelisches Gemeindeleben. In seinen Auslegungen des Magnificat beschäftigte sich Luther mit der Frage, wie Evangelische mit der Marienfrömmigkeit umgehen sollten. Durch seine Predigten, die in gedruckter Form verschickt wurden (Predigtpostillen), schuf er der meist schlechten Ausbildung der Prediger Abhilfe. So entstand allmählich eine evangelische Predigtkultur. In seiner Schrift *De votis monasticis* („Von den Mönchsgelübden") legte er dar, dass die Mönchsgelübde im Widerspruch zur Heiligen Schrift stehen, da sie auf Werkgerechtigkeit beruhen. Der Rückzug aus der Welt widerspreche dem Auftrag des Christen, auch im weltlichen Bereich zu leben, dort seinem Beruf nachzukommen und eine Familie zu gründen. Nach der Veröffentlichung dieser Schrift kam es zu Klosteraustritten, die im Reich zunächst noch strafrechtlich verfolgt wurden.

Bibelübersetzung

Vollständige Lutherbibel von 1534

Luthers bedeutendste Leistung war die Übersetzung des Neuen Testaments aus dem von Erasmus herausgegebenen griechischen Urtext. Die zeitgenössischen Bibelübersetzungen fußten auf der Vulgata, der lateinischen Übersetzung der Septuaginta, die ihrerseits die griechischen Übersetzung des hebräischen und aramäischen Urtext des Alten Testamentes sind. Bei seiner Übersetzung bediente sich Luther einer volkstümlichen und verständlichen Sprache, die für lange Zeit nicht nur zum Maßstab deutscher Bibelübersetzungen wurde, sondern auch maßgeblichen Einfluss auf die Entstehung einer standarddeutschen Hoch- und Schriftsprache hatte. Zahlreiche Wortschöpfungen Luthers sind bis heute Teil der deutschen Sprache. Die erste Ausgabe des Neuen Testaments erschien im September 1522 („Septembertestament"). Das Alte Testament übersetzte Luther wegen der schwierigen Sprache und der Diskussionen um den genauen Sinn des Textes schrittweise bis 1534.

Unruhen in Wittenberg

Während sich Luther auf der Wartburg befand, kam es in Wittenberg zu einer Radikalisierung der Reformation. Vielen gingen die Reformen nicht weit genug. Besonders die Messe, der Zölibat der Priester und die Mönchsgelübde wurden kritisiert. Im Frühjahr 1521 heiratete der erste Priester und Mönche traten aus ihren Orden aus. Besonders Luthers Ordensbruder Gabriel Zwilling tat sich als radikaler Reformer des Mönchtums hervor. Im Herbst 1521 kam es zu Aktionen gegen die Messe. Wendepunkt war der Weihnachtsabend 1521, an dem Karlstadt demonstrativ einen evangelischen Gottesdienst in weltlicher Kleidung und in deutscher Sprache feierte. Das Abendmahl wurde ohne Opfergebet und vorherige Beichte unter beiderlei Gestalt gereicht. Im Februar 1522 kam es in Wittenberg zum Bildersturm. Anlass war Karlstadts Schrift *Von der Abtuung der Bilder*, in der er die Abschaffung der Bilder in den Kirchen forderte. Bestärkt wurde er durch die täuferisch gesinnten Zwickauer Propheten (Nikolaus Storch, Thomas Drechsel, Markus Thomae), die im Dezember 1521 nach Wittenberg geflohen waren. Luther verließ im März 1522 auf Bitten des Stadtrats die Wartburg und kehrte nach Wittenberg zurück. Dort hielt er im Mönchsgewand seine berühmten Invokavitpredigten, in denen er die Wiederherstellung des alten Gottesdienstes zur „Schonung der Schwachen" forderte. Er wollte die Bevölkerung durch zu radikale Reformen nicht verunsichern. Außerdem betonte er, jeglicher Aufruhr sei von Gott verboten. Es kam zum Bruch mit Karlstadt, der daraufhin Wittenberg verließ und Pfarrer in Orlamünde wurde. Auf Drängen Luthers wurde er 1524 aus Kursachsen ausgewiesen und führte ein unstetes Wanderleben, bis er 1534 eine Anstellung als Prediger und Professor in Basel fand, die er bis zu seinem Tod 1541 ausübte.

Kritik an bestehenden Traditionen

Luther unterzog die Traditionen der Kirche einer strengen Überprüfung. Messlatte war der Text der Bibel. Traditionen, die nach seiner Meinung der Schrift zuwider liefen, wurden abgeschafft. Er trat aber dafür ein, Traditionen, die nicht direkt auf der Bibel fußten, aber hilfreich für das Leben der Gläubigen waren, beizubehalten. So sprach sich Luther aus didaktischen Gründen gegen ein Bilderverbot in der Kirche aus und behielt die äußeren Formen des Gottesdienstes bei (vgl. Deutsche Messe (Gottesdienst)).

Die massive Kritik am Papsttum hatte diese lutherische Auffassung mit der Haltung der Reformierten gemeinsam. Zugrunde liegt wieder ein theologisches Problem. Die Sonderstellung des römischen Bischofs wird traditionell begründet mit Mt 16,18 [3] („Ich aber sage dir: Du bist Petrus und auf diesen Felsen werde ich meine Kirche bauen und die Mächte der Unterwelt werden sie nicht überwältigen".) Christus bezeichnet Petrus als Fundament der Kirche. Petrus wird später Bischof von Rom. Das wird als Einsetzung des Papstes durch Christus ausgelegt. Dieser wiederum hat stellvertretend für Christus die Vollmacht, weitere Priester zu ernennen. Dem stellt Luther Mt 18,19 [4] gegenüber, wo die Gemeinde Christi als Versammlung von mindestens zwei Menschen unter dem Namen Christi definiert wird. In Verbindung mit Kapitel 12 des 1. Korintherbrief wird die Vorstellung vom Laienpriestertum entwickelt. Der Pfarrer ist dann nicht mehr Nachfolger des von Christus eingesetzten Petrus, sondern das Glied der Gemeinde, das es am besten versteht, die Aufgaben des Pfarrers, wie Predigt und Seelsorge, wahrzunehmen. Dieses Gemeindemitglied hat seine Sonderstellung nicht aufgrund seiner Weihe, sondern aufgrund seiner Ausbildung.

Neue Gottesdienstordnungen

Verschiedene Reformatoren (Thomas Müntzer, auch Karlstadt und später auch Luther) bemühten sich um die Schaffung von Gottesdienstordnungen in der Landessprache. Diese ersetzten in den protestantischen Gebieten rasch die lateinische Messe. Im Zentrum dieser neuen evangelischen Ordnungen standen Schriftlesung und Predigt (Wortgottesdienst). Die deutsche Bibelübersetzung ermöglichte es jedem Gemeindemitglied, die Auslegung des Pfarrers (Predigt) mit dem Wort der Bibel zu vergleichen. Luther und Müntzer blieben mit ihren Vorschlägen eng an der inneren Ordnung der Messe, während andere Reformatoren weiterreichende Änderungen durchführten.

Weitere Entwicklung in Deutschland

„Linker Flügel der Reformation“

Thomas Müntzer

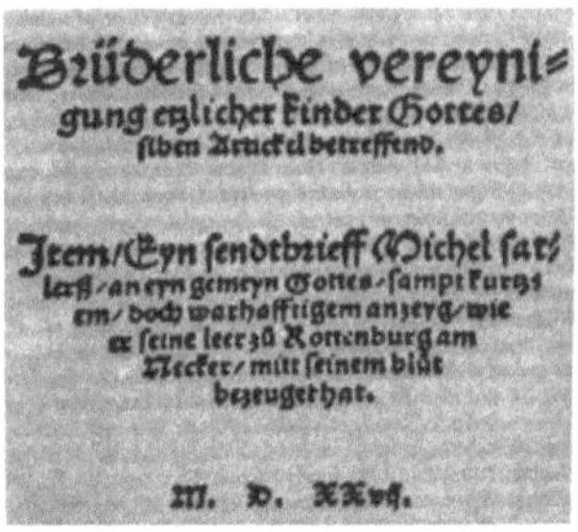

Brüderliche vereynigung etzlicher kinder Gottes/ siben Artickel betreffend.

Item/Eyn sendtbrieff Michel satlers/ an eyn gemeyn Gottes/ sampt kurtzem/ doch warhafftigem anzeyg/ wie er seine leer zu Rottenburg am Necker/ mitt seinem blut bezeuget hat.

M. D. XXvij.

Titelseite der Schleitheimer Artikel - Konvergenzerklärung verschiedener Täufergruppen

Die von dem Täuferforscher Heinold Fast so bezeichnete reformatorische Bewegung bietet kein einheitliches Bild. Zwar war allen (wie übrigens auch anderen Reformatoren) eine apokalyptische Welt- und Zeitsicht eigen. Die Konsequenzen, die sie jedoch daraus zogen, waren durchaus unterschiedlich.

Zum einen gehörten zu diesem linken Flügel die radikalen Reformatoren, für die hier stellvertretend Thomas Müntzer, der große Gegenspieler Martin Luthers, genannt werden soll. Ihre zentralen Anliegen waren die radikale Reform der Kirche und die revolutionäre Umwälzung der politischen und sozialen Verhältnisse. Hier lagen auch die Wurzeln des Deutschen Bauernkriegs 1524–1526. Dabei kam es auch in Thüringen zur Gründung des Ewigen Rates, der die politischen und sozialen Forderungen der Bauern durchsetzen sollte.

Die kurz nach dem Bauernkrieg im Umfeld der Schweizer Reformation entstandene Täuferbewegung verfolgte die Wiederherstellung der neutestamentlichen Gemeinde Jesu. Die von ihnen ausschließlich praktizierte Gläubigentaufe, die von ihren Gegnern als Wiedertaufe bezeichnet wurde, war nur ein Teil und – genau genommen – Folge ihrer Ekklesiologie. Kirche war für sie die Gemeinde der Gläubigen, in der die sozialen Schranken gefallen waren. Sie praktizierten das Priestertum aller Gläubigen und wählten ihre Ältesten und Diakone auf „demokratische“ Weise. Sie traten für die radikale Trennung von Kirche und Staat ein, forderten Religionsfreiheit nicht nur für sich und verweigerten in weiten Teilen ihrer Bewegung den Eid. Vor allem das machte sie der Obrigkeit verdächtig, die weniger ihre abweichenden theologischen Ansichten, als ihre Kritik an der weltlichen Obrigkeit nicht akzeptieren konnte und deshalb zu scharfen Gegenmaßnahmen und Verfolgungen griff. Zu ihnen gehörten unter anderem auch die Hutterer und die Mennoniten.

Ganz anders positionierten sich die so genannten Münsterschen Wiedertäufer, deren Wegbereiter – wenn auch ungewollt – Melchior Hofmann geworden war. Ihr enthusiastischer und gewaltbereiter Chiliasmus, der durch die erlittenen Verfolgungen entfacht worden war, gipfelte in der gewaltsamen Aufrichtung des „Königreichs von Münster“. Ihre Führer sahen sich als die entscheidenden Werkzeuge und Wegebahner eines hereinbrechenden Reiches Gottes.

Eine vierte Gruppe innerhalb des „linken Flügels der Reformation“ bildeten die von ihren Gegnern als Schwärmer bezeichnete Bewegung. Sie waren mit der Täuferbewegung eng verwandt und gingen zum Teil aus ihr hervor. Sie vertraten einen stark verinnerlichten Glauben. Ihr Ziel war es nicht in erster Linie, eine sichtbare und verfasste Kirche zu bilden. Sie legten auch auf die äußeren Zeichen bzw. Sakramente wie Abendmahl und Taufe keinen großen Wert. Sie verstanden sich als eine Art unio mystica. Zu ihren bedeutenden Vertretern gehörten Sebastian Franck und Kaspar Schwenckfeld.

Sowohl die katholischen als auch die lutherischen und reformierten Obrigkeiten verfolgten die genannten Gruppen mit großer Härte - ohne Ansehen ihrer unterschiedlichen Zielsetzungen und Lehren. In vielen Ländern mussten die

Täufer unter Zurücklassung ihrer Habe das Land verlassen, in anderen Fürstentümern wurden sie wegen ihrer Überzeugungen gefangen gesetzt und gefoltert und im Extremfall sogar als Ketzer verbrannt oder ertränkt.

Protestation zu Speyer

Auf dem Reichstag zu Speyer 1526 (Speyer I) war das Wormser Edikt teilweise revidiert worden, indem die Ausführung den Reichsständen überlassen wurde. Demnach konnte es jeder Fürst mit der Religion so halten, wie er es vor Kaiser und Gott verantworten könne. Kaiser Karl V. hob diesen Beschluss auf und wollte auf dem folgenden Reichstag in Speyer einen neuen Beschluss in seinem Sinne herbeiführen.

Die Gedächtniskirche zur Erinnerung an die Protestation zu Speyer

Auf dem Reichstag zu Speyer am 19. April 1529 (Speyer II) traten sechs Fürsten und vierzehn Freie Reichsstädte als Vertreter der protestantischen Minderheit gegen die Verhängung der Reichsacht gegen Luther sowie die Ächtung seiner Schriften und Lehre ein und forderten die ungehinderte Ausbreitung des evangelischen Glaubens. Diese Protestation der Fürsten und Städte gilt als Geburtsstunde des Protestantismus.

Bekenntnisbildung und Konsolidierung

Mit dem Augsburger Reichstag 1530 und dem dort dem Kaiser überreichten Augsburger Bekenntnis trat die Reformation in eine neue Phase ein. Die beiden Lager innerhalb des Protestantismus - Lutheraner einerseits und der Schweizer Flügel andererseits hatten sich spätestens seit dem Marburger Religionsgespräch 1529 positioniert - begannen nun, sich bekenntnismäßig und kirchenrechtlich als Kirchen zu verstehen und zu organisieren: Neben den schon erwähnten Gottesdienstordnungen und Bekenntnisschriften (letztere spielten bis zum Ende des Jahrhunderts eine wichtige Rolle und fanden auf lutherischer Seite 1580 ihren Abschluss im Konkordienbuch) wurden nun neue Kirchenordnungen mithilfe oder sogar auf Anweisung der Landesfürsten und Stadträte verfasst und in Kraft gesetzt. Sie lösen für die protestantischen Kirchen das jahrhundertealte kanonische Recht der mittelalterlichen Kirche ab und sind zugleich sichtbarer Ausdruck des landesherrlichen Kirchenregiments, das in Deutschland im Prinzip bis 1918 in Kraft blieb.

Politische Auswirkungen

Zum theologischen Ringen um die richtige Auslegung der Bibel traten auch bald politische Aspekte hinzu. Die neuen Gedanken gaben den Reichsfürsten eine theologische Begründung, die von Rom auferlegte Abgabenlast reduzieren zu können. Das Entstehen der protestantischen Landeskirchen stärkte ebenfalls die Autonomie der Fürstentümer. Bedeutende protestantische Territorien im Deutschen Reich waren die Landgrafschaft Hessen, die Kurpfalz, das Kurfürstentum Sachsen und das Herzogtum Württemberg.

Es kam in der ersten Hälfte des 16. Jahrhunderts zu verschiedenen Kriegen zwischen Katholiken und Protestanten innerhalb des Reiches (→Schmalkaldischer Krieg) und der Schweiz (→Zweiter Kappelerkrieg), die in Deutschland 1555 mit dem Augsburger Religionsfrieden und in der Schweiz 1531 mit dem Zweiten Landfrieden von Kappel endeten (→Reformation und Gegenreformation in der Schweiz). Bei beiden lief es auf die Lösung „cuius regio, eius religio" („wessen Land, dessen Glaube") heraus: In Deutschland bestimmte der jeweilige Fürst bzw. in den Reichsstädten der Magistrat die Konfession des Landes, in den Schweizer Kantonen die jeweiligen Regierungen.

Schweiz

Die Reformation und die katholische Gegenreformation in der Schweiz fanden zeitlich in einem etwas anderen Rahmen statt als in Deutschland. Als Beginn kann das Wirken Ulrich Zwinglis ab 1519, als Ende der Konfessionalisierung der Zweite Villmergerkrieg 1712 gesehen werden. Auch die Reformation selber nahm in der Schweiz einen anderen Verlauf, weil die Alte Eidgenossenschaft eine andere Sozialstruktur aufwies als das Reich. Bis heute unterscheiden sich die aus der schweizerischen Reformation hervorgehenden evangelisch-reformierten Kirchen von den aus der deutschen Reformation hervorgehenden evangelisch-lutherischen Kirchen. Gemäß dem Charakter der Eidgenossenschaft als Staatenbund ging die Reformation in der Schweiz von verschiedenen Zentren aus und wurde von verschiedenen Reformatoren angeregt. Weltgeschichtlich am bedeutendsten waren die Persönlichkeiten und die Lehren von Johannes Calvin, dem Begründer des Calvinismus, der ab 1536 Genf zum „protestantischen Rom" machte, von Ulrich Zwingli, der ab 1523 in Zürich wirkte, sowie von Heinrich Bullinger, der 1549 mit Calvin durch den *Consensus Tigurinus* die Einigung der Zwinglianer und Calvinisten in der Abendmahlsfrage erreichte. Während die lutherische Reformation in ihrem unmittelbaren Wirken auf Deutschland und Nordeuropa beschränkt blieb, wirkte die schweizerische Reformation international über die Niederlande, Großbritannien bis in die USA.

Zwingli und Calvin lehnten konsequent alle Traditionen ab, die nicht in der Bibel begründet sind. Daher haben die reformierten Kirchen nüchterne Gotteshäuser, die höchstens mit Bibelsprüchen dekoriert sind; die Kirchenstruktur ist synodal, presbyterianisch oder kongregationalistisch strukturiert, d.h. ohne Bischofsamt; Zwingli lehnte zeitweilig sogar Instrumentalmusik in der Kirche ab. Das Abendmahl ist für beide eher eine Gedenkfeier. Zwingli und später auch Calvin formten daher gänzlich neue Liturgien.

Auch die reformatorische Täuferbewegung, aus der letztlich die Mennoniten hervorgingen, hat ihre Wurzeln in der Schweiz und breitete sich trotz Verfolgungen von hier aus. Die Täuferbewegung wurde in der Schweiz bis ins 17. Jahrhundert grausam verfolgt.

Frankreich

Anfänge

Franz I.

Um die Zeit, als in Deutschland durch die Thesen Luthers die Reformation begonnen hatte (1517), gab es in Frankreich eine Situation, in der das Luthersche Gedankengut auf fruchtbaren Boden fallen konnte:

Franz I., der Frankreich seit 1515 regierte, hatte zu dieser Zeit die katholische Kirche zunehmend zu einem Verwaltungsorgan des Staates aus- und umgebaut: Seit dem Konkordat von Bologna 1516 hatte er das Recht, die hohen Ämter der französischen Kirche nach eigenem Willen zu besetzen. Er nutzte dies geschickt, um den französischen Hochadel in den entsprechenden Positionen unterzubringen und ihn sich auf diese Weise zu verpflichten. Die Infrastruktur der Kirche war für Franz ebenfalls von Bedeutung: Ihre Präsenz in allen Städten und Dörfern, die hohe Reichweite, die die Pfarrer in ihren Gemeinden erzielen konnten, und die Familienregister, die die Pfarreien führten, waren Elemente, die er für verwaltungstechnische Aufgaben, zum Beispiel die Veröffentlichung von Edikten, einspannen konnte.

Insbesondere in Paris führte diese Verweltlichung zu Widerspruch von humanistischen Kreisen, insbesondere um Erasmus von Rotterdam (Didier Érasme) und Jacques Lefèvre d'Étaples (Jakob Faber). Um 1520 beginnt man, in diesen Zirkeln die Thesen Luthers zu diskutieren, die die heilige Schrift zum Maßstab des Glaubens machen und die Trennung von Staat und Kirche einfordern. Die theologischen Thesen Luthers werden zunächst auch vom

Königshaus eher positiv aufgenommen. So waren die Schwester des Königs, Margarete von Angoulême, und der Bischof von Bayonne, Jean du Bellay, sowie dessen Bruder Guillaume Mitglieder der Gruppe um Lefèvre.

Franz I., ohnehin sehr aufgeklärt und aufgeschlossen, zudem wohl noch durch seine Schwester beeinflusst, zeigte sich ebenfalls gegenüber den theologischen Aspekten der beginnenden Reformationsbewegung nicht abgeneigt. So hielt er zum Beispiel über Lefèvre seine schützende Hand, als gegen diesen nach einer Abhandlung über Maria Magdalena ein Prozess wegen Ketzerei angestrengt worden war. Die Reform einer Kirche von innen heraus war, zumindest was die theologischen Deutungen angeht, nichts, was Franz I. hätte fürchten müssen.

Zunächst einmal durfte also in der Zeit etwa um 1520 der reformatorische Gedanke auch in Frankreich Fuß fassen. Von den Humanisten fand er auch rasch seinen Weg ins gehobene Bürgertum, wo die vorhandenen weitreichenden Handelsbeziehungen nicht nur Waren, sondern auch Ideen schnell verbreiten halfen.

Beginnende Verfolgung

Sehr schnell setzte jedoch eine katholische Gegenbewegung ein. Die Amtsträger der Kirche sahen ihre Lehren durch die aufkommende Bewegung gefährdet: 1521 wurde Luther vom Papst exkommuniziert, die Pariser Universität Sorbonne verdammte seine Lehren. Franz I. geriet dadurch zunehmend unter Druck, und zwar aus zwei Gründen:

- Der erste war innenpolitischer Natur: Nach 1520 wurde schnell deutlich, dass die Reformation eben nicht nur eine theologische Angelegenheit war, die sich in den Studierzimmern der Gelehrten breit machte, sondern dass die Thesen die bestehende klerikale (und eng damit verbunden auch die weltliche) Machtstruktur anzugreifen begannen. Franz konnte kein Interesse daran haben, dass die Reformer jetzt am Stuhl derjenigen Adeligen sägten, denen er gerade kirchliche Ämter, Würden und Einnahmequellen verschafft hatte, und die eine wesentliche Stütze seiner Herrschaft über Frankreich darstellten.
- Zum zweiten befand sich Franz I. zu dieser Zeit mit den Habsburgern, genauer gesagt, mit dem deutschen Kaiser Karl V. in einem schweren Konflikt. Frankreich war über die Niederlande, Deutschland und Spanien von den Habsburgern in die Zange genommen, in Norditalien befand sich Frankreich im offenen Krieg mit den Habsburgern. Hätte Franz der Reformation in Frankreich freien Lauf gelassen, so hätte er auch noch Rom gegen sich gehabt, und Karl V., der 1521 über Luther die Reichsacht verhängt hatte, wäre - dann von Rom unterstützt - von einer Invasion Frankreichs nicht mehr abzuhalten gewesen. Auch diese außenpolitische Überlegung zwang Franz dazu, sich mehr und mehr vom Protestantismus zu distanzieren.

So kam es zunehmend zu Repressalien gegen die Protestanten, die sich zu einer Verfolgung zumindest des öffentlichen Protestantismus ausweiteten: Die erste Hinrichtung eines französischen Protestanten ist für den 8. August 1523 belegt, als der Augustinermönch Jean Vallière in Paris am Pfahl verbrannt wurde.

Untergrundkirche

Der Protestantismus wurde bis etwa 1530 zunehmend in den Untergrund gedrängt. Ein Teil der Protestanten floh, unter anderem in die reformierten Orte der Schweiz, wo Ulrich Zwingli gerade dabei war, die katholische Kirche komplett zu entmachten. Ins politische Aus gedrängt, traten die Protestanten aus dem Untergrund jedoch zunehmend provokativer auf. Zu den ersten größeren Auseinandersetzungen zwischen Katholiken und Protestanten kam es 1534 über die Affaire des Placards, bei der in Paris und vier weiteren Städten antikatholische Plakate angeschlagen wurden. Die Messe der Katholiken wurde darauf als Götzendienst bezeichnet. Verschiedene Marienstatuen wurden verunstaltet. Nachdem die Verantwortlichen für diese Aktion auf den Scheiterhaufen gebracht worden waren, blieb das Verhältnis zwischen beiden Seiten angespannt.

Etwa um 1533 schloss sich Johannes Calvin in Paris dem Protestantismus an. Bis zu dieser Zeit wäre auch er eher als katholischer Humanist denn als Reformierter zu bezeichnen. Nach einer protestantisch gefärbten Rede von Nicolaus Cop, dem Rektor der Universität Paris, die höchstwahrscheinlich unter Beteiligung Calvins entstand, mussten beide aus Paris fliehen.

Doch trotz der Unterdrückung erhielt die Bewegung noch immer Zulauf. Um 1523 bildete sich in Meaux die erste protestantische Gemeinde in Frankreich, 1546 kam es dort zu den ersten Verbrennungen evangelischer Christen, darunter Pierre Leclerc. 1559 fand in Paris die erste Nationalsynode der reformierten Christen Frankreichs statt. Man verabschiedete eine Kirchenordnung und die Confessio Gallicana. 15 Gemeinden schickten ihre Abgesandten, zu der nächsten, die zwei Jahre später stattfand, waren auf einmal um die 2.000 Gemeinden vertreten. Zu Beginn der 1560er Jahre hatten die reformierten Untergrundkirchen etwa zwei Millionen Anhänger, was in etwa zehn Prozent der französischen Gesamtbevölkerung entsprach.

Diese reformierten Gemeinden waren jedoch nicht mehr lutherisch geprägt: Die Verfolgung hatte enge Bande der französischen Reformierten zu dem in Genf lebenden Calvin entstehen lassen. Zwischen 1535 und 1560 durchdrang zunehmend der Calvinismus das französische Protestantentum, und der Calvinismus war es, der den Dissidenten Zulauf verschaffte. So kam auch der Name „Hugenotten" auf.

Hugenottenkriege

1547 starb Franz I., und sein Sohn Heinrich II. bestieg den Thron Frankreichs. Er setzte die Repression gegenüber den Hugenotten unvermindert fort. Etwa um diese Zeit begann das Habsburgerreich in eine Vielzahl von Kleinstaaten zu zerfallen: Kaiser Karl V. bekam die Reformation nicht mehr unter Kontrolle, und der Kompromiss des „Cuius regio, eius religio" tat ein Übriges zur Spaltung des Kaiserreiches.

Heinrich II. wollte ähnliche Zustände wie in Deutschland in jedem Fall verhindern. Zunehmend hatten sich jetzt auch Adelige den Hugenotten angeschlossen, und eine Übereinkunft nach dem Augsburger Prinzip für Frankreich hätte die unter Franz I. erfolgreich verlaufende Zentralisierung Frankreichs schwer beschädigt. Damit begann endgültig die politische Diskriminierung des Protestantismus in Frankreich.

Eine neue Einrichtung und drei Edikte reichten, um die Hugenotten mehr und mehr zu unterdrücken: Da war erst einmal die Einrichtung der *Chambre ardente* in Paris, einer Kammer, die die hugenottischen Parlamentsabgeordneten verfolgte. Diese Kammer richtete Heinrich bereits im ersten Jahr seiner Regentschaft ein. Im Juni 1551 wurde dieses Prinzip im Edikt von Châteaubriand dann auch auf die Provinzparlamente ausgedehnt. Das Edikt von Compiègne folgte im Juli 1557: „die Ordnung in irgendeiner Weise störende" Protestanten wurden der weltlichen Gerichtsbarkeit unterstellt; die Verurteilung wegen Häresie ließ Heinrich noch in den Händen der Kirche. Den Schlusspunkt setzte er dann am 2. Juni 1559 im Edikt von Écouen: Von nun an durften die Gerichte für Häresie nur noch die Todesstrafe verhängen. Kurz nach dem Edikt starb Heinrich.

Gaspard Bouttats: Bartholomäusnacht, Kupferstich

Unter Heinrichs Sohn Franz II. hielt die begonnene Vertreibung an. 1562 überfielen katholische Soldaten bei Vassy Protestanten während eines Gottesdienstes. Die Bartholomäusnacht 23./24. August 1572 in Paris löst erneute zahlreiche Flüchtlingsströme aus. Wichtige protestantische Persönlichkeiten wurden ermordet. Die Zahl der Todesopfer betrug in Paris etwa 3.000 und auf dem Lande zwischen 10.000 und 30.000. Schließlich brachte 1598 das Edikt von Nantes eine zeitweilige Beruhigung der Lage, die jedoch nur bis zur Eroberung von La Rochelle (1628) anhielt. Nach dem Tod Kardinal Mazarins übernahm der „Sonnenkönig" Ludwig XIV. 1661 die Regierung und leitete eine groß angelegte mit Bekehrungs- und Missionierungsaktionen verbundene systematische Verfolgung der Protestanten ein, die er aufgrund der einsetzenden Flüchtlingswellen 1669 mit einem Emigrationsverbot verband und die schließlich in den berüchtigten Dragonaden 1681 ihren Höhepunkt fanden. Trotz Verbotes verließen im Laufe von etwa fünfzig Jahren ca. 200.000 Flüchtlinge ihre Heimat.

Im Edikt von Fontainebleau 1685 widerrief Ludwig XIV. das Edikt von Nantes. Wer nunmehr als Protestant erkennbar war, wurde mit Haft oder Galeerenstrafe belegt. Daraufhin begaben sich viele in eine Untergrundkirche und leisteten teilweise in den Cevennen Widerstand (Camisarden). Dort kam es in den Jahren 1703 bis 1706 zum

Bürgerkrieg, worauf Ludwig XIV. über 400 Dörfer dem Erdboden gleich machen ließ. Das Psalmensingen und Bibellesen wird mit hohen Strafen belegt. Viele Menschen traten zwangsweise zum Katholizismus über, auch um den gefürchteten Dragonaden zu entgehen. Aber der Protestantismus ließ sich nicht ausrotten, weil die verfolgten und bestraften Protestanten als Märtyrer verehrt wurden.

Da die Angehörigen der protestantischen Oberschicht, darunter die meisten Geistlichen, ins Ausland flohen, wurde die Kirche durch Laienpastoren geleitet, die sich durch eine göttliche Eingebung berufen fühlten. Deshalb kamen prophetische und ekstatische Formen der Religiosität auf. Sie wurden in der Bewegung der Inspirierten in ganz Europa wirksam.

In den Nachbarländern fanden die besitzlos gewordenen Hugenotten, die zur leistungsfähigsten Schicht der Gesellschaft zählten, bei den Herrschern bereitwillige Aufnahme, Privilegien und Kredite, was in der übrigen Bevölkerung wiederum Unverständnis, Neid und Anfeindungen auslöste. Zumal stießen sie als Reformierte auf Lutheraner, so dass sie wiederum eine religiöse Minderheit verkörperten.

Zu den Ländern, die für etwa 200.000 Hugenotten eine neue Heimat wurden, zählten die Schweiz, die Niederlande, England, Deutschland und Amerika. So wurden mit dem Edikt von Potsdam vom 29. Oktober 1685 die reformierten Hugenotten im lutherischen Preußen aufgenommen.

Sie sorgten für eine Blüte der Wirtschaft und besonders der Landwirtschaft und öffneten für das kulturelle und Geistesleben weite Horizonte. Vor allem entwickelten sie maßgeblich Textil- und Seidenmanufakturen und -gewerbe (Seidenraupenzucht), führten den Tabakanbau ein (schwerpunktmäßig in der Uckermark mit dem Zentrum Schwedt/Oder) und waren in Schmuckanfertigung und -handel tätig.

In Frankreich dagegen schuf erst unter Ludwig XVI. das Toleranzedikt 1787 eine neue Möglichkeit protestantischen Lebens.

Die Reformation in anderen europäischen Ländern

England

Siehe auch: Anglikanische Gemeinschaft

Die Reformation in England wurde vor allem aus politischen Gründen ausgelöst. Allerdings hatten Theologen auch aus eigenen Gründen die Schriften und das Wirken von Martin Luther, Johannes Calvin und Ulrich Zwingli mit Interesse verfolgt, und es kam vielen von ihnen nicht ungelegen, dass sich nun mehr die Gelegenheit bot, bestimmte Prinzipien, die vormals von Rom verboten waren, auch in England anwenden zu dürfen. So hatte es z. B. Versuche gegeben, die Bibel in englischer Sprache zu verbreiten (siehe John Wyclif, William Tyndale). Diese endeten auch unter Heinrich VIII. mit der Hinrichtung des Übersetzers. Erst unter Edward VI. wurden größere Reformen (z. B. das erste Book of Common Prayer) eingeführt. Mit seinem Tod wurde England unter Maria Tudor, der „blutigen Maria“, wieder gewaltsam zur römischen Lehre zurückgeführt, aber mit der Nachfolge von Elisabeth I. auf dem Thron wurde die Anglikanische Kirche wieder etabliert. Die Bestrebungen Karls I., Karls II. und Jakobs II., die katholischen Kirche wieder zum Status der Staatskirche zu erheben, scheiterten mit der Glorreichen Revolution (1688). Damit hatte sich die Reformation in England und Schottland endgültig durchgesetzt.

Schottland

In Schottland wurde insbesondere durch das Wirken von John Knox, einem Schüler Calvins, die presbyterianische Staatskirche (Presbyterianer) geschaffen. In England kam es zu Abspaltungen von der anglikanischen Kirche. Die Puritaner hielten zwar die Einheit mit der Staatskirche aufrecht, wollten die Kirche aber von allen „katholischen“ Stukturelementen „reinigen“ (purify). Radikale Independenten (Kongregationalisten) trennten sich völlig von der Kirche von England (Separatisten). Beide Gruppen lehnten vor allem das Bischofsamt strikt ab. Sie waren stark von Calvins Theologie geprägt.

Weitere Länder

In den skandinavischen Ländern (Skandinavien) entstanden lutherische Staatskirchen. Obwohl in den Niederlanden Calvins Einfluss sehr stark war, konnte sich keine reformierte Staatskirche etablieren. In den ost- und südeuropäischen Ländern bildeten sich größere oder kleinere lutherische oder reformierte Kirchen. Während der Gegenreformation und später wurden sie dezimiert oder, wie in Spanien und Portugal, ausgelöscht. In einigen italienischen Alpentälern konnten sich kleine Waldensergemeinden halten, die sich der Schweizer Reformation anschlossen.

Reaktion der katholischen Kirche

Die katholische Kirche war von der durch Luther ausgelösten Welle zunächst völlig überrascht. Als Luther sich nicht überzeugen ließ, verlegte sie sich auf politischen und kirchlichen Druck. Luther musste fliehen und überlebte nur durch fürstlichen Schutz. Zwingli gelang es, den Rat von Zürich von der Richtigkeit seiner Lehre zu überzeugen. Die Ideen der Reformation breiteten sich wie ein Lauffeuer aus – die Bevölkerung strömte zum neuen Glauben, Reichsstädte und Fürsten gingen auf die Seite der Reformation über.

Der damalige Kaiser Karl V. blieb katholisch, konnte sich jedoch nicht auf die Niederschlagung der Reformation konzentrieren, da ihn die Außenpolitik stark beanspruchte (Türken vor Wien, Krieg mit Frankreich).

Das Konzil von Trient (1546–1563) versuchte innerhalb der drei Sitzungsperioden, die im 15. Jahrhundert begonnenen Reformen weiter fortzuführen. Die drei Sitzungsperioden stehen jeweils unter anderen Vorzeichen. Eine gesamte Reform der römischen Glaubenslehre hatte zu keiner Zeit zur Debatte gestanden - auch wenn man sicher sagen kann, dass nach dem Konzil die katholische Kirche eine andere geworden war als diejenige, die Luther vorgefunden hatte. Insbesondere die Auswüchse in Klerus und Kurie konnten beseitigt und eine Vereinheitlichung und „Modernisierung“ der römischen Kirche in Europa durchgesetzt werden. In der Folge leitete der von Ignatius von Loyola gegründete Orden der Jesuiten die Gegenreformation ein.

Ausbreitung in Europa

Um die Mitte des 16. Jahrhunderts kam eine zweite Generation von Reformatoren zum Zug. In Genf Calvin, in Zürich Heinrich Bullinger, der als Nachfolger von Ulrich Zwingli der Zürcher Kirche vorstand. Deren Beitrag war es, die Reformation theologisch zu konsolidieren – Calvin mit seiner Institutio Christianae Religionis, Bullinger mit dem „Zweiten Helvetischen Bekenntnis“. Beide übten einen europaweiten Einfluss auf den Protestantismus aus. Aus ihren Lehren geht die Reformierte Kirche hervor. Nach dem gewaltsamen Tod William Tyndales gewann Calvin mehr und mehr Einfluss auf die Reformation in England. Er korrespondierte mit Eduard VI. und englischen Theologen. Nach der Gründung englischer Kolonien (ab 1609) in Nordamerika wurden die reformatorischen Kirchen dort zur beherrschenden Macht, insbesondere Kongregationalisten, Baptisten, Presbyterianer, Anglikaner (Episkopalisten), Quäker und Methodisten. Kleinere Gruppen bildeten Lutheraner und Mennoniten.

Konfessionalisierung

Theologisch wie auch politisch gipfelte die Reformation in den Bekenntnisschriften der protestantischen Kirchen:

- Augsburger Bekenntnis (lutherisch)
- Konkordienformel (lutherisch)
- Konkordienbuch (Sammlung der lutherischen Bekenntnisschriften)
- Helvetische Bekenntnisse (reformiert)
- Confessio Gallicana (reformiert)
- Niederländisches Glaubensbekenntnis (reformiert)
- Heidelberger Katechismus (reformiert)
- Schleitheimer Artikel (Täufer)

Bedeutung und Folgen

Die Reformation war einer der großen Wendepunkte in der Geschichte des Abendlandes. Für die Geschichte des Christentums bedeutete die Reformation den vorläufigen Höhepunkt einer Entwicklung, die über die ab dem 13. Jahrhundert verstärkt formulierte Kritik an der römisch-katholischen Kirche (Averroismus, Jan Hus, John Wyclif, Wilhelm von Ockham) und die Bildung zahlreicher „häretischer" christlicher Glaubensgruppen bis hin zur erneuten Spaltung der Christenheit führten. Die neu entstandenen Konfessionen konnten sich nach langem Ringen schließlich als staatlich gleichberechtigte Kirchen neben der römisch-katholischen etablieren. Da die neuen Konfessionen zu stark waren, um dauerhaft unterdrückt werden zu können, waren, obwohl es zahlreiche Rückschläge und sogar Religionskriege gab, beide Seiten auf Dauer zur religiösen Toleranz gezwungen. Die römisch-katholische Kirche verlor nicht nur in weiten Teilen Europas an Einfluss, sondern insbesondere auch ihr bis dahin beinahe unantastbares Deutungsmonopol für die Auslegung der Bibel. Die Reformation führte durch den Druck, der durch den schnellen Abfall ganzer Regionen vom Katholizismus verursacht wurde, auch auf römisch-katholischer Seite zu Reformen. Daher spricht man hierfür auch von katholischer Reform. Außerdem wurde versucht, eine Rekatholisierung der vom römisch-katholischen Glauben abgefallenen Gebiete zu erreichen, was wiederum eine Seite der Gegenreformation darstellt.

Zwar wurde die christliche Religion durch die Reformation nicht grundlegend in Frage gestellt, dennoch wurden fundamentale Glaubenssätze und religiöse Praktiken, die jahrhundertelang als unumstößlich galten, von den Reformatoren und ihren Anhängern verworfen (z.B. Marien- und Heiligenverehrung, Wallfahrten und andere „gute Werke"). Die Autorität der Kirchen über die Gläubigen wurde zwar zunächst nur teilweise aufgebrochen, dennoch bereitete die Reformation den Weg zum Zeitalter der Aufklärung, in dem das Individuum in seiner persönlichen Freiheit deutlich aufgewertet wurde und in der schließlich selbst atheistische Weltbilder Anerkennung erfuhren.

Doch die Reformation revolutionierte nicht nur das geistliche Leben, sie setzte auch eine umfassende gesellschaftspolitische Entwicklung in Gang. Vorbereitet durch Luthers prinzipielle Trennung von Geistlichem und Weltlichem (Zwei-Reiche-Lehre) löste sich der Staat von der Bevormundung durch die Kirche, um nun seinerseits im Landesherrentum und Absolutismus die Kirche von sich abhängig zu machen. Doch auch dies stellte nur eine Übergangsphase in einer Entwicklung dar, die in vielen Ländern in die Trennung von Kirche und Staat mündete, die die Hugenotten und Täufer als verfolgte Minderheitskirchen schon seit ihrer Entstehung im 16. Jahrhundert praktizierten (vgl. Abschnitte 3 und 5). Aus dem englischen Täufertum entstanden Anfang des 17. Jahrhunderts die Baptistenkirchen. Stärker noch als die General Baptists waren die Particular Baptists von der Theologie Calvins beeinflusst. Wie die Täufer forderten die Baptisten vehement Glaubensfreiheit (John Smyth, Thomas Helwys, Roger Williams u.a.). Als letzte reformatorische Kirche trennten sich Ende des 18. Jahrhunderts die Methodisten von der Kirche von England.

Durch das Entstehen protestantischer Territorien und Staaten verschoben sich die Machtverhältnisse in Europa und später in den überseeischen Kolonien grundlegend. Die Reformation hatte tiefgreifende Auswirkungen auf alle Gebiete des Lebens: Ehe und Familie, Staat und Gesellschaft, Schule und Hochschule, Wissenschaft, Wirtschaft und Kunst ((Kirchen-)Musik, Literatur, Malerei). Die Reformatoren wollten, dass jedes Gemeindeglied die Bibel selbst lesen konnte. Deshalb förderten sie das Bildungswesen auf allen Ebenen, von der Volksschule über die Lateinschule bis zur Universität. Dadurch entstand eine für das Erstarken der Geistes- und Naturwissenschaften sowie der Technik günstiges kulturelles Klima. Die Betonung von Fleiß, Sparsamkeit, Genügsamkeit und - vor allem bei Calvin - der Verzicht auf Luxusgüter machte Geld für Investitionen frei, was der kräftigen Entwicklung der Wirtschaft zugute kam (vgl. Max Weber: Die protestantische Ethik und der Geist des Kapitalismus).

Somit wirkte die Reformation weit über die eigentliche Reformationszeit hinaus und bildete einen Wendepunkt hin zur Entwicklung der modernen Gesellschaft der Neuzeit.

Literatur

- Simo Heininen/Otfried Czaika: *Wittenberger Einflüsse auf die Reformation in Skandinavien* [5], in: Europäische Geschichte Online, hrsg. vom Institut für Europäische Geschichte (Mainz), 2010 Zugriff am: 14. Juni 2012.
- Kamber, Peter: *Reformation als bäuerliche Revolution. Bildersturm, Klosterbesetzungen und Kampf gegen die Leibeigenschaft in Zürich zur Zeit der Reformation (1522–1525).* Chronos Verlag, Zürich 2009. ISBN 978-3-0340-0808-2
- Kaufmann, Thomas: *Geschichte der Reformation.* Suhrkamp, Frankfurt am Main 2009. ISBN 978-3-458-71024-0
- Koch, Ernst: *Das konfessionelle Zeitalter – Katholizismus, Luthertum, Calvinismus (1563–1675).* Leipzig 2000, ISBN 3-374-01719-3 (Kirchengeschichte in Einzeldarstellungen, II/8)
- Küng, Hans: *Das Christentum*, 1994, ISBN 3-492-03747-X (Kapitel IV: Das protestantisch-evangelische Paradigma, neuartige Sicht auf die Kirchengeschichte)
- Lindberg, Carter: *The European Reformations*, 1996, ISBN 1-55786-575-2 (Sehr umfassende Geschichte der Reformation vom Spätmittelalter bis zur Gegenreformation, die sämtliche europäischen Länder mit reformierter Geschichte einschließt - aus amerikanischer Sicht)
- MacCulloch, Diarmaid: *Die Reformation 1490–1700.* München 2008. ISBN 978-3-421-05950-5 (Standardwerk, welches einen Überblick über den Reformationsprozess in Gesamteuropa bietet)
- Moeller, B.: *Deutschland im Zeitalter der Reformation* (Deutsche Geschichte 4), 1999, ISBN 3-525-33462-1 (die profanhistorische Reihe zeichnet sich durch einen sozialgeschichtlichen Zugang aus)
- Nieden, Marcel: *Die Wittenberger Reformation als Medienereignis* [6], in: Europäische Geschichte Online, hrsg. vom Institut für Europäische Geschichte (Mainz), 2012, Zugriff am: 2. Januar 2012.
- Roll, Christine (Hrsg.): *Recht und Reich im Zeitalter der Reformation. Festschrift für Horst Rabe.* Frankfurt am Main u.a. 1996, ISBN 3-631-47923-9
- Schnabel-Schüle, Helga: *Die Reformation 1495–1555.* Ditzingen 2006, ISBN 3-15-017048-6
- Sierszyn, Armin: *2000 Jahre Kirchengeschichte, Reformation und Gegenreformation* (Bd. 3), 2000, ISBN 3-7751-3247-3. (umfassende Darstellung, viele Quellenangaben, aus landeskirchlich-evangelikaler Sicht)
- Stickelberger, Rudolf: *Kirchengeschichte für Jedermann*, 1969 (Kirchengeschichte mit Schwerpunkt Reformation, etwas Schweiz-lastig, aus reformierter Sicht)
- Völker-Rasor, Anette (Hrsg.): *Oldenbourg Geschichte Lehrbuch. Frühe Neuzeit*, München 2000, ISBN 3-486-56426-9
- Zweig, Stefan: *Ein Gewissen gegen die Gewalt: Castellio gegen Calvin*, 1936 (Roman)
- Die Reformation. Glaube und Gesellschaft im Übergang zur Neuzeit (= Heft 3/2011 der Zeitschrift „Geschichte betrifft uns. Aktuelle Unterrichtsmaterialien“)

Weblinks

- Martin Luther [7]
- Einführung in die Reformierte Geschichte [8]
- Calvinianum [9]
- Themenportal „Reformation“ auf historicum.net [10]
- Informationen zu Reformation [11] im BAM-Portal
- Literatur zum Schlagwort Reformation [12] im Katalog der Deutschen Nationalbibliothek
- Zentrale Website Reformationsjubiläum Luther 2017 - 500 Jahre Reformation [13]

Einzelnachweise

[1] Edith Simon: *Great Ages of Man: The Reformation.* Time-Life Books, 1966, ISBN 0-662-27820-8, S. 120–121.
[2] http://www.bibleserver.com/go.php?lang=de&bible=LUT&ref=R%C3%B6m1%2C17
[3] http://www.bibleserver.com/go.php?lang=de&bible=EU&ref=Mt16%2C18
[4] http://www.bibleserver.com/go.php?lang=de&bible=LUT&ref=Mt18%2C19
[5] http://nbn-resolving.de/urn:nbn:de:0159-2012060637
[6] http://nbn-resolving.de/urn:nbn:de:0159-2012042305
[7] http://www.luther.de/
[8] http://www.reformiert-online.net:8080/t/de/bildung/grundkurs/gesch/index.jsp
[9] http://www.calvinianum.de/Willkommen.html
[10] http://www.historicum.net/themen/reformation/
[11] http://www.bam-portal.de/search/Reformation
[12] https://portal.d-nb.de/opac.htm?query=Woe%3D4048946-2&method=simpleSearch
[13] http://www.luther2017.de/

Normdaten (Sachbegriff): GND: 4048946-2 (http://d-nb.info/gnd/4048946-2)

Anglikanische_Gemeinschaft

Die **Anglikanische Gemeinschaft** oder **Anglikanische Kommunion** (englisch *Anglican Communion*; von lateinisch *anglicanus*, „englisch"), umgangssprachlich die **Anglikanische Kirche**, ist eine weltweite christliche Kirchengemeinschaft, die in ihrer Tradition evangelische und katholische Glaubenselemente vereinigt, wobei die katholische Tradition in der Liturgie und im Sakramentsverständnis (insbesondere dem Amtsverständnis) vorherrscht und die evangelische in der Theologie.

Die Anglikanischen Landeskirchen sehen sich als Teile der Einen, Heiligen, Katholischen und Apostolischen Kirche, die sich der Tradition und Theologie der englischen (und zum Teil schottischen) Reformation(en) verpflichtet haben. Jedoch versteht die Anglikanische Kirche ihre „Reformation" nicht als einen Bruch mit der vorreformatorischen Kirche, sondern als notwendige Reform der katholischen Kirche der britischen Inseln. Damit ist die Anglikanische Kirche sowohl katholische Kirche als auch reformatorische Kirche, die allerdings seit der Reformation eine bewusst eigenständige christlich-anglikanische Tradition und Theologie entwickelt hat. Sie hat ca. 80 Millionen Mitglieder.[1] Weltweit besteht die Kirchengemeinschaft aus rund 385 Diözesen.

Organisation und Verbreitung

Die Anglikanische Kirchengemeinschaft besteht aus 38 selbständigen Landeskirchen bzw. Provinzen. Neben der Church of England sind diese beispielsweise die Anglican Church of Canada, die Episcopal Church in the USA und die Church of South India. Für eine vollständige Liste aller Mitglieder der Gemeinschaft siehe Liste der anglikanischen Kirchen. Die Provinzen bzw. Landeskirchen, denen jeweils ein Primas *(primate)* vorsteht, bestehen aus mehreren Bistümern.

Weltkarte der Provinzen der Anglikanischen Gemeinschaft (Blau)

Die Anglikanische Kirche ist, nach der römisch-katholischen und den orthodoxen Kirchen, die drittgrößte christliche Kirche. Weltweit gibt es etwa 80 Millionen Christen in der Anglikanischen Kommunion, davon etwa 42 Millionen im Vereinigten Königreich (größtenteils in England *(Church of England)*, da die selbständigen anglikanischen Landeskirchen in Schottland und Wales weder Staatskirchen sind noch die Mehrheit der Bevölkerung zu ihren Mitgliedern zählt). Sie ist besonders in englischsprachigen Gebieten sowie in Gebieten des Commonwealth, aber darüber hinaus auch in den meisten übrigen Staaten vertreten.

Darüber hinaus gibt es vereinzelt Menschen, die eine in der anglikanischen Tradition stehende Kirche besuchen, die jedoch *nicht* zur Anglikanischen Gemeinschaft gehören (u. a. die so genannten *Anglican continuing churches*), da sie die Kommunion mit der Gemeinschaft abgebrochen haben. Solche Kirchen sollten *nicht* (und wollen auch nicht) zu den Kirchen der anglikanischen Gemeinschaft gezählt werden.

Leitung der Kirchengemeinschaft

Die anglikanische Gemeinschaft kennt keine zentralisierten Strukturen der Autorität, sondern vertritt seit der englischen Reformation das Prinzip, dass kein Bischof (ob von Rom, Canterbury oder Konstantinopel) für die Geschäfte eines anderen Bistums weisungsbefugt ist. Dennoch gibt es in der Gemeinschaft vier sogenannte *Instruments of Unity* („Instrumente der Einheit"). In der Reihenfolge ihres Alters sind diese: Der Erzbischof von Canterbury, die Lambeth Conference, das Anglican Consultative Council und das Treffen der Primasse (die ranghöchsten Bischöfe der einzelnen Landeskirchen).

- Oberster geistlicher Leiter der Kirche ist der Primas der Church of England, also der Erzbischof von Canterbury (gegenwärtig Rowan Williams - als Nachfolger ab dem 21. März 2013 wurde Justin Welby bestimmt[2]) als Primus inter Pares. Er, dessen Amt seit Gründung durch Augustinus von Canterbury im Jahr 597 besteht, besitzt kein Weisungsrecht gegenüber den übrigen Kirchen der Kirchengemeinschaft.
- Seit 1867 tagt die Lambeth Conference, eine Konferenz der Bischöfe aller Kirchen der Anglikanischen Kirchengemeinschaft, alle zehn Jahre. Das jüngste Treffen fand im Sommer 2008 statt.
- Die Anglikanische Beratende Versammlung (ACC: *Anglican Consultative Council*) tritt seit 1968 etwa alle drei Jahre zusammen und hat in erster Linie koordinierende Funktionen. Sie setzt sich je nach Größe der jeweiligen Anglikanischen Kirchen(provinz) aus einem bis drei Delegierten zusammen.
- Der Erzbischof von Canterbury beruft seit 1979 die Treffen der Primasse (Vorsteher) der Anglikanischen Kirche ein und leitet sie. Diese Treffen, die anfangs alle zwei bis drei Jahren stattfanden und seit 2000 jährlich, haben ebenfalls kein Weisungsrecht gegenüber den einzelnen Kirchen. Gewöhnlich wird dabei ein gemeinsamer Pastoralbrief herausgegeben.

Aufbau einer anglikanischen Kirche/Kirchenprovinz

Die Mitgliedskirchen der Anglikanischen Gemeinschaft werden Landeskirche oder Provinz genannt. Einige dieser Kirchenprovinzen decken sich mit den Grenzen politischer Staaten, einige schließen mehrere Staaten ein, während andere nur Teilbereiche einer Nation einschließen. Geleitet wird jede Kirche von einer Synode, die sich aus den Bischöfen, Klerusvertretern und Laienvertretern zusammensetzt. Die Versammlung kann aus einem Haus (Synode) oder aus zwei Kammern (z. B. Haus der Bischöfe, Haus der Deputierten) zusammengesetzt sein und tagt stets zu bestimmten Zeiten. In einigen Fällen wird sie jedoch ständig durch das Provinzbüro, in dem alle laufenden Angelegenheiten der Kirche bearbeitet werden, aufrechterhalten. In anderen Provinzen besteht an der Stelle des Provinzbüros ein *Executive Committee*, das sich ebenfalls mit Fragen der Finanzen oder Klerikerausbildung beschäftigt. Oft wird das Büro bzw. Komitee von einem Generalsekretär geleitet.

Jeder anglikanischen Kirche steht ein Primas vor. Dieser kann der Bischof eines bestimmten Sitzes sein, so wie für England in Canterbury, ist aber für gewöhnlich nicht daran gebunden, sondern wird auf der Provinzsynode gewählt. In den meisten Fällen trägt er den Titel eines Erzbischofs, und oft ist seine Amtszeit beschränkt. In der Episcopal Church in the USA heißt der Primas *Presiding Bishop*.

Aufbau einer anglikanischen Diözese

Jeder Diözese steht ein *Bischof* vor, dem – wenn die Diözese von entsprechender Größe ist – Suffraganbischöfe beigeordnet sind. Diese haben eine ähnliche Rolle wie die Weihbischöfe der römisch-katholischen Kirche. Es kann zwar vorkommen, dass sie einen eigenen Bezirk innerhalb der Diözese zugeordnet bekommen, sie bleiben aber in jedem Fall dem Diözesanbischof untergeordnet. Manchmal wird die Regionalaufsicht stattdessen durch einen sogenannten Archidiakon oder einen Dekan ausgeführt (siehe unten).

Die anglikanische Kirchengemeinschaft sieht sich als in der Apostolischen Sukzession stehend an.[3] Dieser Anspruch wird sowohl von der orthodoxen als auch von der altkatholischen Kirche anerkannt, nicht jedoch von der römisch-katholischen Kirche (siehe Apostolicae Curae).

Der Diözesanbischof besitzt meistens eine Kathedrale, an welcher es den *Kathedralklerus* gibt. Dieser untersteht dem *Dean* (Dekan) oder *Provost* (Propst) und kann sich ggf. in Residenzkanoniker, Honorarkanoniker (Praebendare) und Niedere Kanoniker unterteilen.

Der *Diözesanklerus* besteht aus Priestern, die entsprechend der Gemeinde, in der sie tätig sind, vicars oder rectors (Pfarrer), curates (Kapläne/Vikare) oder assistant curates/priests sind, sowie aus Diakonen. Mehrere Pfarrkirchen sind in Dekanaten zusammengefasst. Besonders große Diözesen sind in *Archdeaneries* (Erzdekanate) unterteilt, denen *Archdeacons* vorstehen (manchmal mit den Suffraganbischöfen identisch). Diese Erzdekanate ähneln den Regionen in großen römisch-katholischen Diözesen.

Um in die Reihen des Klerus der Anglikanischen Kirche aufgenommen zu werden, bewirbt man sich beim Bischof einer Diözese. Dieser wird diese Bewerbung an ein Gremium *(Selection Conference)* weiterleiten, welches den Bewerber auf seine Eignung im Geistlichen, Geistigen, Gesundheitlichen und Familiären prüft. Ist dies geschehen, so sendet es ein Gutachten an den jeweiligen Bischof, in welchem es den Bewerber empfiehlt, bedingt empfiehlt oder ablehnt. Zugleich macht es auch Vorschläge zur Ausbildung, welche von einem normalen Hochschulstudium bis zu regionalen Kursen reichen. Hat der Bewerber die Zustimmung des Bischofs erhalten, so untersteht er fortan einem *Diocesan Director for Ordinands*, der den Bewerber in allen Bereichen seines Lebens begleitet und zum Ende der Ausbildung ein Zeugnis zu dessen Eignung abgibt. Ist dieses positiv ausgefallen, so steht der Weihe des Bewerbers oder der Bewerberin nichts mehr im Wege.

Aufbau in Kontinentaleuropa

Im 19. Jahrhundert gründeten sowohl die Church of England als auch die US-Episkopalkirche in Europa Pfarreien. Die Zielgruppe waren Glaubensangehörige im Ausland sowie Reisende. Zuständig für diese Pfarreien war ursprünglich der Bischof von London (im Fall der Church of England) bzw. der Presiding Bishop (im Fall der US-Episkopalkirche). Später übertrug der Bischof von London die Zuständigkeit an den neu eingesetzten Bischof von Gibraltar.

All Saints Church, Köln-Marienburg

1980 wurde durch eine Union der Diözese von Gibraltar und der vom Bischof von Fulham geleiteten Jurisdiktion of North and Central Europe die Diözese von Europa *(Diocese [of Gibraltar] in Europe)* gegründet, die seither für die Gemeinden in Europa außerhalb Großbritanniens und Irlands zuständig ist. Parallel stärkte die US-Kirche die Autonomie der europäischen Pfarreien durch die Struktur der Convocation of Episcopal Churches in Europe, eine bistumsähnliche Organisation mit einem Suffraganbischof, der ursprünglich vom *Presiding Bishop* ernannt wurde, und mit der Wahl des jetzigen Amtsinhabers, Pierre Whalon, erstmals durch Klerus und Volk der *Convocation* gewählt wurde.

In Deutschland gibt es rund 40 anglikanische bzw. episkopale Gemeinden, von denen sich die englischsprachigen 1999 zum Council of Anglican and Episcopal Churches in Germany (CAECG) zusammengeschlossen haben. Viele von ihnen wurden im 19. Jahrhundert gegründet und erfuhren in der Besatzungszeit nach dem 2. Weltkrieg neuen Aufschwung, manche - wie die Gemeinde in Hamburg - gehen auf Handelsbeziehungen zwischen England und Kontinentaleuropa im 17. Jahrhundert zurück. Eine Reihe von deutschsprachigen Gemeinden entstanden in den letzten Jahren und zählen sich zur Church of England, der Anglican Independent Communion oder der Anglican Church in North America.

Gemeinden der Church of England existieren u. a. in Berlin, Bonn/Köln, Düsseldorf, Freiburg im Breisgau, Hamburg, Heidelberg, Leipzig und Stuttgart. Sie gehören zur Erzdiakonie von Nordeuropa und Deutschland, die von Archdeakon Ven. Jonathan Lloyd geleitet wird, der auch Pfarrer der anglikanischen Gemeinde von Kopenhagen ist. Gemeinden der Episcopal Church in the USA (ECUSA) existieren u. a. in Frankfurt am Main, München, und Wiesbaden; dazu kommen Missionen in Augsburg, Karlsruhe, Nürnberg und Ulm.

Die anglikanischen Gemeinden in der Schweiz gehören der Church of England an und bilden in deren Diözese in Europa eine eigene Erzdiakonie, welcher der Ven. Arthur Siddall vorsteht. Sie hat acht Standortpfarreien in größeren Städten und einige weitere Gemeinden, die von dort betreut werden. Die US-Episkopalkirche hat eine Gemeinde in Genf.

In Österreich gibt es eine anglikanische Gemeinde in Wien, die Christ Church Vienna; von dort aus werden so genannte Satellitengemeinden z. B. in Klagenfurt betreut. Sie wird geleitet von Ven. Patrick Curran, Bischofsvikar des östlichen Europas.

Lehre

Die Anglikanische Kirche ist eine christliche Kirche, die sich „zum dreieinigen Gott bekennt, wie er sich in Jesus Christus offenbart hat“. Grundlage der Lehre bilden die 39 Artikel, das *Book of Common Prayer* und die Ordnung zur Ernennung von Bischöfen, Priestern und Diakonen. Alle drei entstanden im 16. Jahrhundert und sind größtenteils das Werk von Thomas Cranmer, Erzbischof von Canterbury.[4]

In der anglikanischen Lehre gibt es ein weites Spektrum zwischen der *High Church* (Anglo-Katholizismus), die in Liturgie und Lehre den anderen katholischen Kirchen nahesteht, und der *Low Church*, die dem Protestantismus, insbesondere dem Calvinismus, nahesteht.

Theologisch sind innerhalb der anglikanischen Kirche sehr liberale wie auch streng evangelikale und konservative anglokatholische Richtungen vertreten.

Dieses sehr weite Meinungsspektrum wird teilweise als Stärke der Anglikaner betrachtet, die somit ein weites Spektrum des heutigen Christentums ohne Kirchenspaltung in einer Kirche umfassen können. Teilweise wird aber auch kritisiert, dass die Kirche so für nichts mehr stehe und der Beliebigkeit zu viel Raum gebe.

Gottesdienst und Praxis

Der Gottesdienst der anglikanischen Kirche ist liturgisch ähnlich aufgebaut wie der der katholischen Kirchen. Er ist im *Book of Common Prayer* niedergelegt, von dem die einzelnen Gliedkirchen eigene Ausgaben haben.

Liturgie

Die Liturgie der anglikanischen Kirche hat die Eucharistie als zentrales Element und auch anderweitig zeugt sie vom anglikanischen Selbstverständnis als Teil der universalen katholischen Kirche. Die gottesdienstlichen Handlungen im Anglikanismus wurden allerdings, anders als in der römisch-katholischen Kirche, schon seit der Reformationszeit in der jeweiligen Landessprache abgehalten.

Gebet

Das Stundengebet, in der anglikanischen Kirche als *Daily Office* bezeichnet, ist eine wichtige Tradition der anglikanischen Kirche. Insbesondere das Morgen- und Abendgebet sind weit verbreitet und werden in einigen Kirchen täglich gebetet. Die anglikanische Kirche kennt auch die Rosenkranztradition, wobei der Aufbau des Rosenkranzes und die Gebete sich von denen der katholischen Kirche unterscheiden und weniger auf Maria, dafür stärker auf Jesus Christus ausgerichtet sind. Diese Tradition wird jedoch nur in den eher zum Anglokatholizismus neigenden Gemeinden praktiziert; viele Anglikaner aus anderen Gemeinden sind mit dem Ave Maria-Gebet, das nicht im *Book of Common Prayer* vorkommt, gar nicht vertraut.

Orden

Wie die katholische Kirche, so kennt auch die anglikanische Kirche Männer- und Frauenorden. Die meisten zur Reformationszeit bereits bestehenden katholischen Orden haben anglikanische Entsprechungen. Diese leben nach den Evangelischen Räten und in Gemeinschaft, sind entweder kontemplativ oder aktiv in der Erziehung bzw. in der Pflege tätig. Siehe Anglikanische Orden.

Geschichte

Die Kirche von England datiert ihre Geschichte zurück bis in die römische Zeit, als das Christentum sich im gesamten römischen Reich ausbreitete. Nach dem Abzug der Römer und Einfall der Angeln, Sachsen und Jüten, die ihre heidnische Religion mit sich brachten, blieben nur noch die keltischen Stämme Britanniens im äußersten Norden und Westen der Inseln als Christen zurück. (Siehe dazu: Keltische Kirche) Mit der Mission von Augustinus von Canterbury an den Hof von Kent im Jahr 597 kam die christliche Religion erneut aus Rom nach England. Diese Missionstätigkeit ergänzte sich mit einer Mission durch irische Mönche (siehe Columban).

Die Bistümer in England waren in die beiden Kirchenprovinzen Canterbury und York aufgeteilt. Als 1529 unter Heinrich VIII. Streitigkeiten zwischen dem englischen Thron und dem Papst in Rom über die Rechtmäßigkeit der königlichen Ehen aufkamen, erklärten die Bischöfe Englands, dass sie in Heinrich und nicht im Papst das Oberhaupt der englischen Kirche sahen, womit sich die englische Kirche von Rom lossagte. So ergab es sich, dass in den Kirchenprovinzen von York und Canterbury im 16. Jahrhundert Ideen der Reformation in die Praxis umgesetzt werden konnten.

Unter Heinrich VIII. änderte sich für die englische Kirche zunächst sehr wenig. Der Gebrauch der lateinischen Sprache wurde zugunsten der englischen aufgegeben. Mit Eduard VI. wurde jedoch das erste *Book of Common Prayer* am Pfingstfest 1549 eingeführt, unter maßgeblicher Arbeit von Thomas Cranmer, Erzbischof von Canterbury. Damit wurde auch eine Tradition eingeleitet, nach der sich der Anglikanismus vorrangig durch eine episkopale Kirchenordnung und eine einheitliche gottesdienstliche Praxis definiert.

Nach einer kurzen Zwischenepisode unter der römisch-katholischen Monarchin Maria I. setzte sich die Reformbewegung der englischen Kirche unter Elisabeth I. und den ersten beiden Stuart-Königen fort. Es entwickelte sich ein sich vertiefender Streit zwischen Puritanern, die eine stärker reformierte Theologie verfolgten, und Theologen wie Lancelot Andrewes, die eine katholischere Position einnahmen. Dieser Streit verursachte unter Anderem den englischen Bürgerkrieg. Nach der Restauration der Stuarts unter Karl II. wurden diese Streitigkeiten mit einem neuen *Book of Common Prayer* (1661) beigelegt. Dies ist auch heute noch die offizielle Version, die in England neben dem Book of Alternative Services Anwendung findet.

Weitgehend unbekannt ist die Abspaltung einer kleinen Glaubensgemeinschaft im Gefolge der Glorious Revolution 1688/89. Die Gruppe der Non-Juror spaltete sich aufgrund ihrer strengen Auslegung der anglikanischen Staatsvorstellungen ab und griff liturgisch auf das erste Book of Common Prayer zurück. Auf die Gesamtentwicklung der Church of England hatte diese kurzlebige Glaubensgemeinschaft zwar keinen Einfluss; in Schottland jedoch führte die Weigerung der Bischöfe, den Treueid zu leisten, zur Etablierung der presbyterianischen

Kirche und folglich zur Gründung einer eigenen Scottish Episcopal Church.

Nach der amerikanischen Revolution bildete sich auch in den USA eine weitere anglikanische Kirche, die nunmehr auch neben der nichtetablierten episkopalen Kirche Schottlands existierte. Es folgten auch in anderen Ländern weitere Kirchen, die aber alle zusammen im sog. Anglikanischen Kommunion eine Kirchengemeinschaft pflegen.

Im 19. Jahrhundert, unter dem Einfluss der romantischen Bewegung, fand eine neue Hinwendung zu liturgischer Tradition statt. Diese Bewegung fand ihren Ausgang in Oxford und wurde deshalb Oxford-Bewegung genannt. Zu ihren Unterstützern gehörte John Henry Newman. Siehe auch Anglo-Katholizismus (High Church), Low Church.

In der zweiten Hälfte des 20. Jahrhunderts fand in vielen anglikanischen Kirchen eine liturgische Reformbewegung statt, die zu neuen *Books of Common Prayer* führten. Diese waren enger an altkirchliche Liturgien angelehnt, enthielten jedoch eine modernere Sprache und Theologie. Parallel dazu wurde die Priesterschaft auch für Frauen geöffnet. Seit den späten 1980er Jahren wurden auch die ersten Bischöfinnen in apostolischer Nachfolge geweiht.

2009 wurde bekannt, dass mehrere anglikanische Gruppen einen Übertritt in die katholische Kirche anstreben. Papst Benedikt XVI. unterstützte dieses Vorhaben mit dem Papst-Erlass *Anglicanorum coetibus*. In diesem Kontext wurde das Personalordinariat Unserer Lieben Frau von Walsingham begründet. Zum Osterfest 2011 war geplant, dass 600 Laien und 20 Priester im Zuge der Firmung Mitglieder der katholischen Kirche werden.[5] [6]

Ökumene

Die Anglikanische Kirchengemeinschaft ist Mitglied im Ökumenischen Rat der Kirchen. Sie steht darüber hinaus in Kirchengemeinschaft mit der Utrechter Union der Altkatholischen Kirchen, der Unabhängigen Philippinischen Kirche und der indischen Mar-Thoma-Kirche. 2003 unterzeichten methodistische und anglikanische Vertreter ein Abkommen, das die Zusammenarbeit zwischen den beiden Denominationen - u.a. gemeinsame Gotteshäuser und -dienste - stärken und die Beziehungen vertiefen soll.[7]

Kontroversen

Frauenordination

Uneinigkeit über die Zulassung von Frauen zu den Weihen führt bis in die Gegenwart zu Kontroversen innerhalb der Anglikanischen Kirche. Die Anglikanische Kommunion kennt als allgemein verbindliche Regelungen nur solche, die im Lambeth-Quadrilateral enthalten sind. Da dieses Dokument die Frage der Frauenordination nicht anspricht, gibt es keine verbindliche Regelung, die für alle Gliedkirchen bindend ist. So gibt es Kirchenprovinzen ohne jegliche Frauenordination, doch auch andere mit Zulassung zum Diakonat alleine, zum Diakonat und Priestertum, und wieder andere mit Zulassung zu Diakonat, Priestertum und Bischofsamt.

Die erste anglikanische Priesterin war Florence Li Tim-Oi, die 1944 in Hong Kong geweiht wurde - allerdings war dies eine Einzelmaßnahme, die durch Kriegszustände bedingt war. Nach dem Kriegsende ließ sie ihre priesterlichen Funktionen ruhen.[8] Erst in den 1970er Jahren wurden die ersten Frauen als Regelfall geweiht, in den Kirchen der USA, Kanada und Neuseeland. Die erste anglikanische Bischöfin war Barbara Clementine Harris, die 1989 zur Suffraganbischöfin der Episcopal Diocese of Massachusetts geweiht wurde.[9] Die erste Bischöfin, die als Diözesanbischöfin amtierte (1990–2004), war Penny Jamieson im Bistum Dunedin in Neuseeland. Am 18. Juni 2006 wurde Katharine Jefferts Schori als *Presiding Bishop* an die Spitze der Episkopalkirche in den USA gewählt und wird somit die erste Frau, die als Primas einer anglikanischen Kirche dient.[10] Die Generalsynode der Church of England hat die Zulassung von Frauen zum Bischofsamt mehrheitlich für „theologisch gerechtfertigt" gehalten; während der Antrag bei den Bischöfen und dem Klerus die notwendige 2/3-Mehrheit erhielt, verfehlte er bei den Laien mit fünf Stimmen die 2/3-Mehrheit. Eine Arbeitsgruppe soll nun eine entsprechende Kirchengesetzgebung auf den Weg bringen.[11] [12] Auf der Generalsynode 2008 wurde das Thema erneut diskutiert. Am 7. Juli 2008 entschied die Synode, die Einrichtung einer Arbeitsgruppe zur Regelung der Ordination von Frauen zum Bischofsamt einzurichten. Dabei sollten die Wünsche der Mitglieder, die aus theologischen Gründen die Ordination von Bischöfinnen ablehnen, berücksichtigt werden.[13] Diese Kirchengesetzgebung, wonach in jeder Kirchenprovinz nötigenfalls ein männlicher Suffragansitz eingerichtet werden soll, dem sich Gemeinden anschließen können, die die Ordination von Bischöfinnen ablehnen, wurde bis 2010 entworfen und bis zum Februar von 42 von 44 Diözesen angenommen.[14] Bei der Generalsynode im November 2012 erreichte dieses Kirchengesetz jedoch nicht die nötige Mehrheit bei den Laienmitgliedern, womit die Frage bis 2015 einer grundsätzlichen Öffnung des Bischofsamts für Frauen in der anglikanischen Kirche offen bleibt.[15]

Haltung der 38 Provinzen

- 8 Provinzen ohne Frauenordination: Church of the Province of Central Africa, Episcopal Church in Jerusalem and the Middle East, Anglikanische Kirche von Korea, Church of the Province of Melanesia, Church of Nigeria, Anglican Church of Papua New Guinea, Church of the Province of South East Asia, Church of the Province of Tanzania
- 4 Provinzen mit Zulassung der Frauen zum Diakonat: Church of the Province of the Indian Ocean, Iglesia Anglicana del Cono Sur de América, Province de L'Eglise Anglicane Du Congo, Church of Pakistan
- 12 Provinzen mit Zulassung der Frauen zu Diakonat und Priestertum: Anglican Church of Australia, Church of England, Church of the Province of Burundi, Hong Kong Sheng Kung Hui, Anglican Church of Kenya, Church of the Province of Rwanda, Church of South India, Spanish Reformed Episcopal Church, Church of the Province of Uganda, Church in Wales, Church of the Province of West Africa, Church of the Province of the West Indies
- 14 Provinzen mit Zulassung von Frauen zum Diakonen-, Priester- und Bischofsamt: Anglican Church in Aotearoa, New Zealand and Polynesia, Church of Bangladesh, Igreja Episcopal Anglicana do Brasil, Anglican Church of Canada, Central America, Church of Ireland, Nippon Sei Ko Kai, Anglican Church of Mexico, Church of North India, Philippine Episcopal Church, Scottish Episcopal Church, Anglican Church of Southern Africa, Episcopal Church of the Sudan, Episcopal Church in the USA

Homosexualität

Die weltweite Anglikanische Kirchengemeinschaft befindet sich seit der Bischofsweihe von Gene Robinson am 2. November 2003 in New Hampshire (USA) in einem Diskussionsprozess, bei dem die Einheit der Kirchengemeinschaft bedroht wird. Nicht nur der Vollzug der Bischofsweihe hat zu Kontroversen geführt, sondern auch die parallel verlaufende Entscheidung der kanadischen Diözese von New Westminster, Riten für die Segnung gleichgeschlechtlicher Paare zu entwickeln. Da Robinson seine Beziehungen zu seinem gleichgeschlechtlichen Partner nicht verheimlicht, wurde mit seiner Weihe erneut ersichtlich, dass es zum Thema Homosexualität innerhalb der Anglikanischen Kommunion Meinungsverschiedenheiten gibt, obwohl dies bereits auf der Lambeth-Konferenzen der Jahre 1988 und 1998 deutlich war. Konservative Geistliche und Mitglieder (vor allem aus Asien und Afrika, aber auch aus der American Anglican Council) sehen diesen Schritt als unvereinbar mit der bislang vertretenen Lehre der Kirche und als Bruch der Kommunion. Zwar hatten die Konferenzen mehrheitlich festgestellt, dass homosexuelle Praxis mit der Heiligen Schrift unvereinbar sei; allerdings haben die Lambeth Konferenzen im Anglikanismus, der nicht hierarchisch, sondern dezentral gegliedert ist, nicht den Status einer gesetzgebenden Körperschaft oder einer Lehrinstanz, sondern können höchstens Konsens feststellen, nur solange dieser vorhanden ist.

Innerhalb der anglikanischen Gemeinschaft hat die Scottish Episcopal Church und in der nicht-anglikanischen Ökumene auch die Metropolitan Community Church die Entscheidungen der nordamerikanischen Kirchen begrüßt. Die Befürworter der Weihe (vor allem aus Nordamerika, Europa, Neuseeland und Südafrika) betonen einerseits die anglikanische Tradition, dass die Ortskirche ihre Angelegenheiten vor Ort regeln darf, andererseits vertreten sie die Auffassung, dass homosexuelle und heterosexuelle Christen gleichwürdig sind, Leitungsämter der Kirche auszufüllen.

Am 19. Februar 2007 haben die anglikanischen Kirchenoberhäupter in Daressalam eine Verlautbarung veröffentlicht, in welcher sie die US-amerikanische Episkopalkirche zu einer Umkehr von ihrer Haltung zur Homosexualität und zur Weihe homosexueller Bischöfe auffordern[16] [17] Innerhalb der US-Kirche bestehen erhebliche Bedenken, dass die Forderungen der anderen Kirchen mit dem Kirchenrecht der US-Kirche selber vereinbar sind, und man hält die Vorschläge darüber hinaus für „eine beispiellose Machtverschiebung zugunsten der Primasse". Die US-Kirche kritisierte auch die fehlende Bereitschaft der anderen Kirchenoberhäupter, stärkere Schritte gegen die Kriminalisierung von Homosexualität in anderen Ländern zu unternehmen,[18] und die Verweigerung vieler anglikanischer Landeskirchen, in den von mehreren Lambeth-Konferenzen (1998, 2008) und vom Windsor Report verlangten *Listening Process* (Dialog) mit homosexuellen Anglikanern zu treten.[19] Im März 2010 wurde die offen lesbische Mary Douglas Glasspool zur Bischöfin der Episkopalkirche im Bistum Los Angeles gewählt. Die Bischöfe der anglikanischen Kirche im südlichen Afrika wandten sich im Mai 2010 gegen jede Form der Kriminalisierung von Homosexuellen.[20]

Weblinks

- Anglican Communion [21]
- Die *Diözese in Europa* [22] engl.: *Diocese (of Gibraltar) in Europe*
- Arbeitsgemeinschaft der Anglikanischen und Episkopalkirchen in Deutschland [23]
- Episcopal Church USA in Europa [24]
- Anglikanische Kirche in Österreich [25]
- Anglikanische Kirche in der Schweiz [26]
- Zugang zu allen Anglikanischen Kirchen weltweit [27] *auf Englisch und* "not official in any way"
- Übersicht der Kirchen nach Mitgliedern und Diözesen [28]
- Liste von anglikanischen Kirchen, die *nicht* Teil der Anglican Communion sind [29]
- Die Diskussion über den Segensreichtum anglikanischer Geistlicher gegen Ende des 19. Jahrhunderts [30]

Einzelnachweise

[1] Siehe http://www.anglicansonline.org/basics/index.html

[2] http://www.dtoday.de/startseite/panorama_artikel,-Ex-Oelmanager-wird-Oberhaupt-der-Anglikanischen-Kirche-_arid,203707.html

[3] Siehe Sukzessionsliste der anglikanschen Bischofe (http://www.ucl.ac.uk/~ucgbmxd/success1.htm)

[4] Martin Davie: *A Guide to the Church of England.* Mowbray, London 2008, ISBN 1-906286-13-2, S. 80 ff.

[5] http://www.kleinezeitung.at/nachrichten/politik/2694363/hunderte-anglikaner-werden-zu-ostern-katholisch.story

[6] http://www.bbc.co.uk/news/uk-13153316

[7] anglican-methodist.org.uk Website der Kommission, die das Dokument erarbeitet hat (http://www.anglican-methodist.org.uk/index.htm), abgerufen am 22. November 2012.

[8] Siehe http://replay.waybackmachine.org/20060506160807/http://www.anglicanjournal.com/128/04/canada08.html

[9] Siehe http://anglicanjournal.com/128/10/world07.html

[10] Siehe http://www.virtueonline.org/portal/modules/news/article.php?storyid=4296

[11] Siehe epd epd:Kirche von England für Frauen im Bischofsamt (http://www.epd.de/index_43726.html)

[12] Siehe Telegraph Telegraph:Women can be bishops, Synod rules (http://www.telegraph.co.uk/news/main.jhtml?xml=/news/2006/07/09/nsynod09.xml&sSheet=/news/2006/07/09/ixuknews.html)

[13] n-tv:Streit um Bischöfinnen (http://www.n-tv.de/Streit_um_Bischoefinnen_Anglikaner_vor_Spaltung/080720084908/990582.html).

[14] Ausführlich dokumentiert wird der Gesetzgebungsprozess hier: Women Bishops (englischsprachig) (http://www.churchofengland.org/our-views/women-bishops.aspx), in: Churchofengland.org, abgerufen am 20. November 2012.

[15] General Synod rejects draft legislation on women bishops (http://www.anglicancommunion.org/acns/news.cfm/2012/11/20/ACNS5254), in: Anglican Communion News Service, ACNS5254, 20. November 2012.

[16] Quelle: epd-Pressedienst (http://www.epd.de/index_48087.html).

[17] dt. Übersetzung des Abschlusskommuniques der leitenden Bischöfe der anglikanischen Kirche, Daressalam 2007 (http://huk.org/texte/anglikaner-daressalam-communique-2007.htm)

[18] Brief der US-Bischöfe vom 21. März 2007 (http://www.episcopalchurch.org/79901_84233_ENG_HTM.htm) (engl.)

[19] Siehe Einleitung des Videos auf folgender Seite: http://www.voicesofwitness.org/original/index.html

[20] Statement from the Anglican Bishops in Southern African (http://www.anglicancommunion.org/acns/news.cfm/2010/5/26/ACNS4703)
[21] http://www.anglicancommunion.org
[22] http://europe.anglican.org
[23] http://www.anglikaner-in-deutschland.de
[24] http://www.episcopalchurch.org/europe
[25] http://www.christchurchvienna.org
[26] http://www.anglican.ch/index.html
[27] http://www.anglican.org
[28] http://www.anglican.org/domain/admin/countries.html
[29] http://anglicansonline.org/communion/nic.html
[30] http://de.bogoslov.ru/text/1999480.html

Suffragandiözese

Eine **Suffragandiözese** bezeichnet einen Verwaltungsbezirk der römisch-katholischen Kirche. Der Name bezieht sich auf den Begriff *Suffragan* und zeigt somit, dass diese spezielle Diözese Teil einer Kirchenprovinz ist, aber im Gegensatz zur Erzdiözese in der Kirchenprovinz keine leitende Funktion hat.

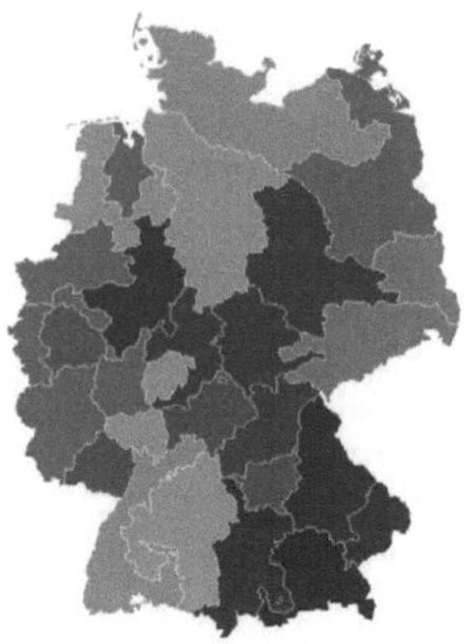

Katholische Diözesen in Deutschland

Mehrere Diözesen bilden eine Kirchenprovinz. Deren Vorsteher heißt Metropolit. Er ist in der Regel der Diözesanbischof einer der Diözesen, die meist den Titel Erzdiözese (Erzbistum) tragen. Die übrigen Diözesen der Kirchenprovinz sind die Suffragandiözesen innerhalb der Kirchenprovinz. Jeder Diözesanbischof verwaltet seine eigene Diözese selbstständig und unabhängig vom Metropoliten. Der Bischof einer Suffragandiözese wird auch Suffraganbischof genannt.

Die Verwaltungsstruktur der römisch-katholischen Kirche gilt weltweit. In der Bundesrepublik Deutschland bilden beispielsweise das Bistum Trier und das Bistum Münster Suffragandiözesen des Erzbistums Köln.

Den deutschen Erzdiözesen sind heute folgende Suffragandiözesen zugeordnet:

Erzbistum Köln:

- Bistum Münster
- Bistum Essen
- Bistum Aachen
- Bistum Limburg
- Bistum Trier

Erzbistum Freiburg:

- Bistum Mainz
- Bistum Rottenburg-Stuttgart

Erzbistum Paderborn:

- Bistum Erfurt
- Bistum Fulda
- Bistum Magdeburg

Erzbistum München und Freising:

- Bistum Augsburg
- Bistum Passau
- Bistum Regensburg

Erzbistum Bamberg:

- Bistum Speyer
- Bistum Würzburg
- Bistum Eichstätt

Erzbistum Berlin:

- Bistum Dresden-Meißen
- Bistum Görlitz

Erzbistum Hamburg:

- Bistum Hildesheim
- Bistum Osnabrück

Bis zur Reformation gehörten weitere Bistümer zu den genannten Erzbistümern, beispielsweise das lange Zeit als Erzbistum selbstständige Bistum Bremen.

Suffragane bzw. Suffraganbischöfe gibt es auch in der anders strukturierten Church of England (anglikanische Kirche). Sie unterstehen in Großbritannien als Gebietsbischöfe den Diözesanbischöfen, die ihrerseits den Erzbischöfen von Canterbury oder York unterstehen.

Erzbistum_Cashel_und_Emly

Erzbistum Cashel und Emly	
Basisdaten	
Staat	Irland
Kirchenprovinz	Cashel
Metropolitanbistum	Cashel
Diözesanbischof	Dermot Clifford
Generalvikar	Matthew McGrath Christy O'Dwyer
Fläche	3082 km²
Pfarreien	46 *(2006)*
Einwohner	80711 *(2006)*
Katholiken	79921 *(2006)*
Anteil	99 %
Diözesanpriester	99 *(2006)*
Ordenspriester	60 *(2006)*
Katholiken je Priester	503
Ordensbrüder	92 *(2006)*
Ordensschwestern	156 *(2006)*
Ritus	Römischer Ritus
Liturgiesprache	Englisch
Kathedrale	Mariä-Himmelfahrt-Kathedrale von Thurles
Website	www.cashel-emly.ie [1]
Suffraganbistümer	Bistum Cloyne Bistum Cork und Ross Bistum Kerry Bistum Killaloe Bistum Limerick Bistum Waterford und Lismore
Kirchenprovinz	

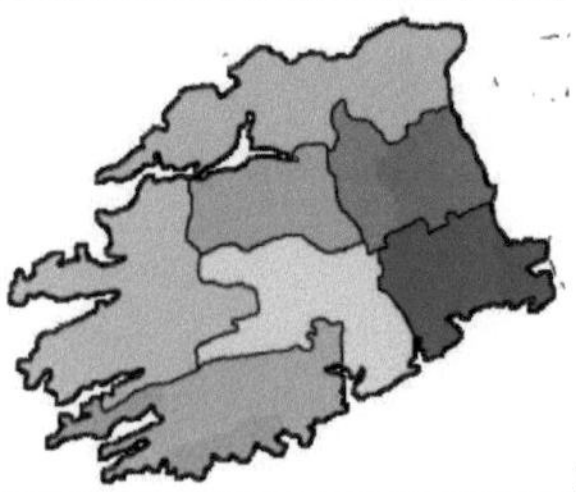

Erzbistum Cashel-Emly (in blaulila, rechts) innerhalb der Kirchenprovinz Cashel

Das **Erzbistum Cashel und Emly** (ir.: *Ard-Deoise Chaisil agus Imligh*, lat.: *Archidioecesis Cassiliensis (Casheliensis) et Emeliensis*) ist eine Diözese der römisch-katholischen Kirche Irlands im südlichen Teil der irischen Provinz Munster mit Sitz in Thurles (County Tipperary).

Geschichte

Das heutige Erzbistum entstand 1718 durch die Vereinigung der beiden römisch-katholischen Bistümer: Erzbistum Cashel und Bistum Emly. Das Territorium umfasst den größten Teil des County Tipperary und Teile des County Limerick.

Das Bistum Emly wurde nach dem Dorf Emly im Süden des County Tipperary benannt. Das Bistum Cashel wurde 1111 durch die Synode von Rathbreasail gegründet. Durch die Synode von Kells 1152 wurde die Diözese zum Metropolitanbistum erhoben, als der päpstliche Legat, Kardinal Paparo, Bischof *Donat O'Lonergan* von Cashel [2] das Pallium verlieh.

→ siehe Kirchenreform Irlands im Mittelalter

Kathedrale

Cathedral of the Assumption

Trotz des Namens befindet sich der Bischofssitz der Erzdiözese (cathedra) weder in Cashel noch in Emly, sondern im nahegelegenen Thurles. Diese resultiert aus der Verdrängung der römisch-katholischen Erzbischöfe von ihrer angestammten Kathedrale (der Kathedrale von Cashel) durch Beauftragte der britischen Krone zu Gunsten der neuen Church of Ireland. Seit der Zeit der englischen Reformation waren die von Rom bestimmten Erzbischöfe gezwungen, sich in verschiedenen Anwesen im County Tipperary vor den königlichen Truppen zu verstecken.

Dieser Zustand dauerte bis Ende des 18. Jahrhunderts, als einige der schärftsten Bestimmungen der entsprechenden Strafgesetze *(Penal Laws)* abgeschwächt wurden. Dr. James Butler II. (1774–1791)[3] verlagerte, als er von Rom zum Erzbischof ernannt wurde, seine Residenz und *cathedra* von Cashel nach Thurles, von wo aus seine Nachfolger bis heute das Erzbistum leiten. Die Mariä-Himmelfahrt-Kathedrale wurde von 1865 bis 1879 unter der Leitung des Dubliner Architekten James Joseph McCarthy errichtet.

Bischöfe

- Liste der Erzbischöfe von Cashel
- Liste der Bischöfe von Emly

Dekanate und Gemeinden

Derzeit ist die Erzdiözese in acht Dekanate *(deaneries)* aufgeteilt, zu denen eine Zahl von Kirchgemeinden (oder Gemeindezusammenschlüsse) gehören.[4]

Deanery of Ballingarry

- Ballingarry
- Drangan
- Gortnahoe and Glengoole
- Killenaule and Moyglass
- Mullinahone

Deanery of Cashel

- Cashel and Rosegreen
- Boherlahan and Dualla
- Clonoulty and Rossmore
- Golden and Kilfeacle
- Holycross and Ballycahill
- Knockavilla and Donaskeigh
- Moycarkey, Two-Mile-Borris and Littleton
- New Inn and Knockgraffon

Deanery of Fethard

- Fethard and Killusty
- Clerihan

Deanery of Galbally

- Galbally and Lisvemane
- Emly
- Ballylanders
- Kilbehenny and Anglesboro

Deanery of Hospital

- Hospital and Herbertstown

Kilteely and Dromkeen

- Knockalney and Patrickswell
- Knocklong and Glenbrohane

Deanery of Murroe

- Murroe and Boher
- Ballina and Boher
- Ballinahinch and Kiloscully
- Newport, Birdhill and Toor
- Caherconlish and Inch St. Laurence
- Ballybricken and Bohermore
- Cappamore
- Kilcommon and Hollyford and Rearcross

Deanery of Thurles

- Thurles
- Upperchurch and Drombane
- Borrisoleigh and Ileigh
- Drom and Inch
- Templemore, Clonmore and Killea
- Loughmore and Castleiney
- Templetuohy and Moyne

Deanery of Tipperary

- Tipperary
- Anacarty and Donohill
- Bansha and Kilmoyler
- Cappawhite
- Doon
- Lattin and Cullen
- Pallasgreen and Templebradon
- Solohead and Oola

Einzelnachweise

[1] http://www.cashel-emly.ie/
[2] Information on the history of the diocese (http://www.gcatholic.com/dioceses/diocese/cash0.htm)
[3] Catholic Encyclopedia (http://www.newadvent.org/cathen/03401a.htm)
[4] Karte der Erzdiözese von Cashel und Emly (http://www.cashel-emly.ie/main/parishes/mapdean2.htm). *Offizielle Webseite des Erzbistums*, abgerufen am 13.08.,2009.

Siehe auch

- Liste der katholischen Bistümer

Weblinks

- Erzbistum Cashel und Emly (http://www.cashel-emly.ie/)

Limerick

Koordinaten: [//toolserver.org/~geohack/geohack.php?pagename=Limerick&language=de&params=52.6619444444_N_8.62805555556_W_dim:. 52° 39′ 43″ N, 8° 37′ 41″ W]

Limerick
Luimneach
Limerick

Symbole

Wappen

Wahlspruch
„*Urbs Antiqua Fuit* *Studiisque Asperrima Belli*"***(Die alte Stadt war auch durch Kriegsbestrebungen sehr trutzig.*** [1] [2] *)*

Basisdaten

Staat	Irland
Provinz	Munster
Grafschaft	Limerick
Fläche	20.8 km²
Einwohner	56779 (2011)
Dichte	2731.1 Ew./km²
ISO 3166-2	IE-LK

Telefonvorwahl	+353/61
Webauftritt	www.limerickcity.ie [3] (englisch)

King John's Castle

Limerick (irisch: *Luimneach,* gespr. /lim´n´ax/ oder /l^{u}imn^{j}ach/) ist die Hauptstadt der Grafschaft Limerick in der Provinz Munster im Südwesten der Republik Irland. Die Stadt hat 56.779 Einwohner, mit Vororten 90.778 Einwohner (Stand 2011). Sie ist historisches Zentrum der Region und in einigen Bereichen Zentrum für den Westen Irlands. Der größte Fluss Irlands, der Shannon, durchfließt die Stadt und mündet hinter Limerick als Shannon Estuary in den Atlantik.

Geschichte

Limerick am Shannon - Stahlstich um 1840

Die Stadt war seit 812 Ort einer Wikingersiedlung, jedoch gibt es Hinweise auf frühere Siedlungen im Gebiet. Brian Boru vertrieb die Wikinger aus Limerick. Die Normannen erbauten die Stadt im 12. Jahrhundert neu und trugen durch Bauten wie „King John's Castle", Limericks bekanntester touristischer Attraktion, und durch „St. Mary's Cathedral" zur Architektur der Stadt bei.

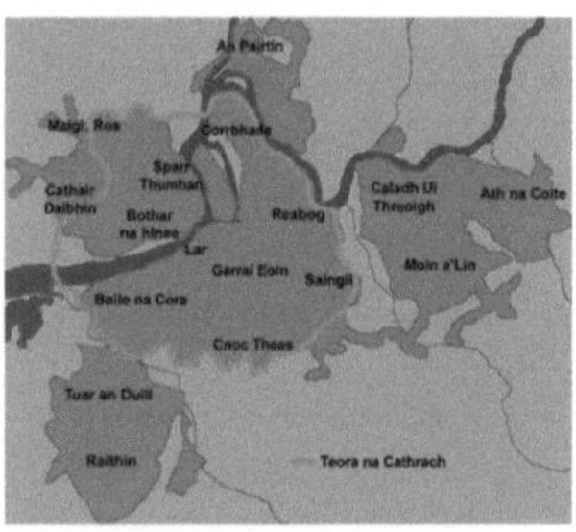

Stadtteile Limericks

Während der Bürgerkriege im 17. Jahrhundert spielte die Stadt eine wichtige Rolle. Belagert wurde sie durch Oliver Cromwell im Jahre 1651 und in den 1690er Jahren zweimal durch die Williamiten. Die Stadt konnte als einzige in Irland nie erobert werden. Den Einwohnern Limericks wird wegen dieses Umstands ein gewisses Selbstbewusstsein nachgesagt. Limerick konnte sich durch seine privilegierte Lage und als Zentrum eines großen Umlands stets relativen Wohlstands erfreuen. Die Rolle als Hafenstadt konnte Limerick durch eine Reihe britischer Gesetze lange Zeit nicht voll nutzen. Die Vormachtstellung behielten britische Häfen wie etwa Liverpool. Irische Hafenstädte konnten ihren Standortfaktor nicht ausspielen, und der transatlantische Handel wurde nicht über Irland abgewickelt. Zudem erfolgte die Wirtschaftsentwicklung Irlands sehr langsam. Der größte Teil Irlands spezialisierte sich auf die Herstellung von landwirtschaftlichen Produkten. Die landesweite Hungersnot

(Great Famine) verursachte ab 1845 den wirtschaftlichen Niedergang der Stadt, der erst ab den 1960er Jahren gebrochen werden konnte. Vom 15. April bis 27. April 1919 befand sich die Stadt während des sogenannten Limerick Soviet unter Selbstverwaltung. Limerick ist unter anderem auch durch den starken Drogenschmuggel in Europa bekannt geworden, welcher von zwei rivalisierenden Banden, dem Dundon und dem Keane-Callopy Clan, kontrolliert wird. Unter anderen wurde im November 2008 der Rugbyspieler Shane Geoghagan im Drogenkrieg getötet, als er zwischen die Fronten der verfeindeten Clans geriet.[4]

Politik

Bürgermeister

Der Bürgermeister (Mayor) von Limerick wird jährlich im Juni vom Stadtrat (City Council) gewählt. Seit Juni 2009 ist Kevin Kiely von der Fine Gael Stadtoberhaupt.

City Council

Der City Council wird für 5 Jahre gewählt. Die letzte Wahl fand im Juni 2010 statt.

Die Sitzverteilung im *Limerick City Council*:

Partei	Fine Gael	Labour Party	Fianna Fáil	Sinn Féin	Parteilose
Sitze	8	4	1	1	3

Wappen

Blasonierung: „In Rot eine schwarz gefugte silberne Torburg mit einem spitzdomig überdachten und mit einem Tatzenkreuz besetzten, gezinnten Mittelteil, darin eine rundbogige schwarze Pforte mit halbgezogenem Fallgatter und fünf schwarzen quadratischen Öffnungen darüber, flankiert von zwei gezinnten konischen Rundtürmen mit je einem schwarzen Fenster über einer schwarzen Kreuzscharte, vorkragendem Sockel und Oberteil.“

Patoncekreuz

Seit 2009[5] : „In Rot eine schwarz gefugte silberne Torburg mit einem spitzdomig überdachten und mit einem Patoncekreuz besetzten, gezinnten Mittelteil, darin eine rundbogige rote Pforte mit halbgezogenem Fallgatter und drei Kreuzscharten darüber, flankiert von zwei gezinnten Rundtürmen mit je einem schwarzen Rundbogenfenster, vorkragendem Sockel und Oberteil in perspektivischer Darstellung, kreisförmig umgeben mit dem lateinischen Wahlspruch 'URBS ANTIQUA FUIT' oberhalb und 'STUDIISQUE ASPERRIMA BELLI' unterhalb des Schildes, durch zwei quadratische Kreuze getrennt.“

Wappen seit 2009

Partnerstädte

Limerick unterhält Städtepartnerschaften mit folgenden Städten:[6]

- Quimper in der Bretagne (Frankreich), seit 1980
- Spokane im Bundesstaat Washington (Vereinigte Staaten), seit 1990

Mit den Bürgern von Cloppenburg in Niedersachsen bestehen verschiedene freundschaftliche Kontakte und Austauschprogramme.

Häuser des 18. Jahrhunderts, Mallowstreet, Limerick

Wirtschaft

Limerick gilt als das wirtschaftliche Herz der „Midwest"-Region, oft auch als „Shannon Region" bezeichnet. Einige multinationale Firmen haben hier Produktionsstätten, so z. B. der Chiphersteller Analog Devices.

Der Computerhersteller Dell schloss 2009 sein Werk (er verlegte es nach Łódź in Polen) und entließ 1900 Mitarbeiter.[7]

Nicht weit liegt der Flughafen Shannon, einer der wichtigsten Flughäfen Irlands.

Kathedrale von Limerick

Bildung

Neben Dublin und Cork ist Limerick eines der wichtigsten Zentren für höhere Bildung in Irland. Es beherbergt die University of Limerick mit etwa 11000 Studenten[8] sowie das Limerick Institute of Technology mit etwa 3900 Studenten[9].

Die Universität von Limerick befindet sich ca. 5 Kilometer östlich vom Stadtzentrum im Vorort Castletroy. Sie wurde 1972 als das *National Institute for Higher Education* (nationales Institut für höhere Bildung) errichtet. Im Jahre 1989 wurde dieses zur ersten Universität der Republik Irland ernannt. Die Universität hat große Bekanntheit in den Ingenieurwissenschaften, der Informatik, der Materialwissenschaften, der Sportwissenschaften, der Geisteswissenschaften, der Pädagogik, der Sozialwissenschaften sowie im Bereich Musikwissenschaften erreicht. Im Jahre 2007 wurde darüber hinaus der Fachbereich für Medizin eingeweiht. Der Fachbereich Musik (*Irish World Music Centre*) ist auf tradiotionelle Musik sowie traditionellen Tanz spezialisiert. Darüber hinaus beherbergt er das Irish Chamber Orchestra. Die Universität bietet darüber hinaus ein reichhaltiges Angebot an Freizeitbeschäftigungen sowie die dafür notwendigen Einrichtungen. So gibt es im Sportkomplex der Universität die erste durchgehende 50 Meter-Schwimmbahn in ganz Irland, was auch ein Grund dafür ist, dass das nationale Schwimmteam hier trainiert.

Römisch-katholische Kathedrale von Limerick

Sehenswürdigkeiten

- King John's Castle
- Cathedral St. John the Baptist, Katholische Bischofskirche

Persönlichkeiten

- Brian Boru (* um 940 bei Killaloe; † 23. April 1014 in Dublin), irischer Hochkönig

Der Shannon mit King John's Castle

- Patrick Sarsfield, 1. Earl of Lucan (* um 1650 in Lucan; † 21. August 1693 in Huy, Belgien), Jakobit und Soldat
- Frank McCourt (* 19. August 1930 in New York City; † 19. Juli 2009 ebenda), Schriftsteller
- Pat Cox (* 28. November 1952 in Dublin), Präsident des Europaparlaments 2002–2004
- Nuala Ní Dhomhnaill (* 1952 in England), Dichterin
- Dolores O'Riordan (* 6. September 1971 in Ballybricken), Musikerin, Mitglied der Band The Cranberries

Söhne und Töchter der Stadt

- Peter Graf von Lacy (* 26. September 1678; † 11. Mai 1751 in Riga), russischer Feldmarschall aus einem alten irischen Adelsgeschlecht
- Georg Reichsgraf von Browne (* 15. Juni 1698; † 18. September 1792 in Riga), russischer Feldmarschall
- Peter Woulfe (* 1727?; † 1803 in London), Chemiker und Mineraloge
- Catherine Hayes (1818-1861), Opernsängerin
- Mary Jane Kelly (* 1863; † 9. November 1888 in Whitechapel, London), das fünfte Opfer des Serienmörders „Jack the Ripper"
- Kate O'Brien (* 3. Dezember 1897; † 13. August 1974 in Canterbury, England), Schriftstellerin
- Elizabeth Anscombe (* 18. März 1919; † 5. Januar 2001 in Cambridge, England), britische Philosophin und Theologin
- Donogh O'Malley (1921–1968), Politiker der Fianna Fáil
- Richard Harris (* 1. Oktober 1930; † 25. Oktober 2002), irischer Schauspieler, Sänger und Songschreiber
- Terry Wogan (* 3. August 1938), Hörfunk- und Fernsehmoderator der BBC
- Desmond O'Malley (* 1939), Politiker
- Pádraig MacKernan (1940–2010), Diplomat
- Michael D. Higgins (* 1941), Dichter, Politologe, Politiker (Irish Labour Party) und amtierender Staatspräsident
- John L. Murray (* 1943), hoher Richter
- Pat Cooksey (* 1945), Singer-Songwriter
- Marian Keyes (* 10. September 1963), Schriftstellerin
- Richard David James (* 18. August 1971), britischer Electronica-Musiker, bekannt unter dem Pseudonym *Aphex Twin*
- Steve Finnan (* 24. April 1976), irischer Fußballnationalspieler
- David Wallace (* 8. Juli 1976), Rugby-Union-Nationalspieler
- Paul O'Connell (* 20. Oktober 1979), Rugby-Union-Nationalspieler

Einzelnachweise

[1] http://www.zeno.org/Georges-1913/A/asper?hl=asper
[2] http://www.limerick.com/limerickcitymotto.html
[3] http://www.limerickcity.ie
[4] http://www.guardian.co.uk/world/2008/nov/30/ireland
[5] http://www.limerickcity.ie/Visit/LimerickCityCrest/LCC%20-%20Coat%20of%20Arms%202009%20Style%20Guide.pdf
[6] Limerick City Council (http://www.limerickcity.ie/VisitingLimerick/SisterCities/)
[7] zeit.de 2009: *Arbeitslos und abgebrannt in Dublin. - Irland galt als Musterland, jetzt wird es zum Musterfall der Krise: Nirgendwo sonst in der EU ballen sich Unternehmens-, Immobilien- und Finanzprobleme so massiv.* (http://www.zeit.de/2009/10/Irland)
[8] http://www2.ul.ie/web/WWW/Services/News/Resources_for_Media/UL_Facts_%26_Figures
[9] http://lit.ie/aboutlit/annualreports/Annual-Report-0809.pdf

Weblinks

- Limerick Official Website (http://www.limerick.ie/)
- Limerick City Council (http://www.limerickcity.ie/)
- Plan der Stadt 1611 in *Civitates orbis terrarum* (http://historic-cities.huji.ac.il/british_isles/limerick/maps/braun_hogenberg_VI_3_3.html) von Georg Braun und Frans Hogenberg
- University of Limerick (http://www.ul.ie/)
- Limerick Institute of Technology (http://www.lit.ie/)

Erzbistum_Dublin

Erzbistum Dublin	
Basisdaten	
Staat	Irland
Diözesanbischof	Diarmuid Martin
Weihbischof	Raymond W. Field Eamonn Oliver Walsh
Emeritierter Diözesanbischof	Desmond Kardinal Connell
Emeritierter Weihbischof	Fiachra Ó Ceallaigh OFM Dermot O'Mahony
Generalvikar	Lorcan O'Brien
Fläche	3184 km²
Pfarreien	200 *(31. Dezember 2006 / AP2007)*
Einwohner	1291599 *(31. Dezember 2006 / AP2007)*
Katholiken	1087361 *(31. Dezember 2006 / AP2007)*
Anteil	84.2 %
Diözesanpriester	539 *(31. Dezember 2006 / AP2007)*
Ordenspriester	893 *(31. Dezember 2006 / AP2007)*
Ständige Diakone	1 *(31. Dezember 2006 / AP2007)*
Katholiken je Priester	759
Ordensbrüder	1229 *(31. Dezember 2006 / AP2007)*
Ordensschwestern	2662 *(31. Dezember 2006 / AP2007)*
Ritus	Römischer Ritus
Liturgiesprache	Englisch
Kathedrale	St. Mary's Pro-Cathedral
Website	dublindiocese.ie/ [1]
Suffraganbistümer	Ferns Kildare und Leighlin Ossory
Kirchenprovinz	

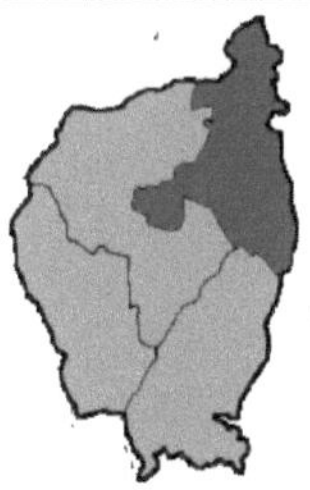

Das **Erzbistum Dublin** (ir.: *Ard-Deoise Bhaile Átha Cliath*, lat.: *Archidioecesis Dublinensis*) ist die größte Diözese der römisch-katholischen Kirche Irlands mit Sitz in Dublin.

Im Jahr 633 n. Chr. wurde das Bistum durch Papst Honorius I. gegründet und 1152 durch Papst Eugen III. zum Erzbistum erhoben.

Sein Gebiet umfasst das frühere County Dublin, fast das gesamte County Wicklow, einen großen Teil des County Kildare und Teile der Countys Carlow, Wexford und Laois. Die Bistümer Ferns, Kildare and Leighlin und Ossory sind als Suffraganbistümer zugeordnet.

Bischofskirche

Die Dubliner Kathedrale der römisch-katholischen Kirche wird als „Pro-Cathedral" bezeichnet- Dies soll ausdrücken, dass die Katholiken nach wie vor die Christ Church Cathedral (auch: The Cathedral of the Most Holy Trinity – Kathedrale der heiligsten Dreifaltigkeit) als ihre „eigentliche" Bischofskirche ansehen. Sie war seit dem Mittelalter die Kirche der Erzbischöfe von Dublin, bis sie im 16. Jahrhundert unter Heinrich VIII. wie alles Kirchengut an die anglikanische Church of Ireland fiel. Die Pro-Cathedral wurde 1814–1825 im klassizistischen Stil erbaut und ist eine der größten Kirchen Irlands

Siehe auch

- Liste der Erzbischöfe von Dublin

Weblinks

- Website des Erzbistums Dublin [1] (englisch)
- Eintrag [2] zu *Erzbistum Dublin* auf *catholic-hierarchy.org* (englisch)

St. Mary's Pro-Cathedral in Dublin, Fassade

References

[1] http://www.dublindiocese.ie/
[2] http://www.catholic-hierarchy.org/diocese/ddubl.html

Erzbistum_Armagh

Erzbistum Armagh	
Basisdaten	
Staat	Irland, Vereinigtes Königreich
Diözesanbischof	Seán Kardinal Brady
Weihbischof	Gerard Clifford
Generalvikar	Gerard Clifford Colum Curry
Fläche	3472 km²
Pfarreien	289 *(31.12.2007 / AP2009)*
Einwohner	331050 *(31.12.2007 / AP2009)*
Katholiken	226228 *(31.12.2007 / AP2009)*
Anteil	68.3 %
Diözesanpriester	134 *(31.12.2007 / AP2009)*
Ordenspriester	40 *(31.12.2007 / AP2009)*
Katholiken je Priester	1300
Ordensbrüder	62 *(31.12.2007 / AP2009)*
Ordensschwestern	280 *(31.12.2007 / AP2009)*
Ritus	Römischer Ritus
Liturgiesprache	Englisch Irisch
Kathedrale	St Patrick's Cathedral
Website	www.armagharchdiocese.org [1]
Suffraganbistümer	Bistum Ardagh Bistum Clogher Bistum Derry Bistum Down und Connor Bistum Dromore Bistum Kilmore Bistum Meath Bistum Raphoe
Kirchenprovinz	

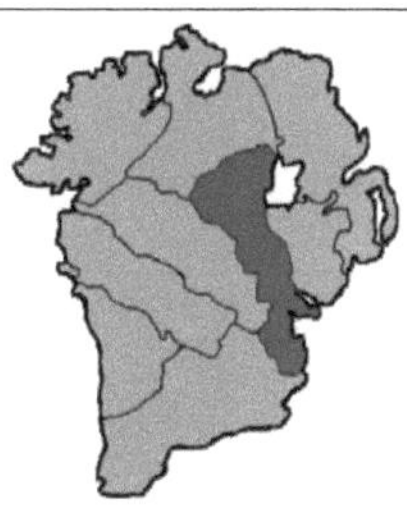

Das **Erzbistum Armagh** (ir.: *Ard-Deoise Ard Mhacha*, lat.: *Archidioecesis Armachanus*) ist eine in Nordirland gelegene römisch-katholische Erzdiözese mit Sitz in Armagh.

Geschichte

St Patrick's Cathedral in Armagh

Das Bistum Armagh wurde im Jahre 445 durch Papst Leo den Großen errichtet. 1152 wurde das Bistum Armagh durch Papst Eugen III. zum Erzbistum erhoben.

Der Erzbischof von Armagh ist zugleich römisch-katholischer Primas von *Ganz Irland*. Seit 1893 wurden alle Erzbischöfe von Armagh zu Kardinälen kreiert, sodass Armagh als traditionell mit der Kardinalswürde verbundener Bischofssitz gilt.

Territorium

Das Erzbistum Armagh umfasst die Countys Armagh und Louth sowie Teile der Countys Londonderry, Meath und Tyrone.

Siehe auch

- Liste der Erzbischöfe von Armagh
- Liste der katholischen Bistümer
- Römisch-katholische Kirche in Irland

Weblinks

- Homepage des Erzbistums Armagh [1] (englisch)
- Eintrag [2] zu *Erzbistum Armagh* auf *catholic-hierarchy.org* (englisch)

References

[1] http://www.armagharchdiocese.org/
[2] http://www.catholic-hierarchy.org/diocese/darma.html

Erzbistum_Tuam

Erzbistum Tuam	
Basisdaten	
Staat	Irland
Diözesanbischof	Michael Neary
Emeritierter Diözesanbischof	Joseph Cassidy
Generalvikar	Dermot Moloney
Fläche	5676 km²
Pfarreien	56 *(2010 / AP2011)*
Einwohner	124012 *(2010 / AP2011)*
Katholiken	121709 *(2010 / AP2011)*
Anteil	98.1 %
Diözesanpriester	114 *(2010 / AP2011)*
Ordenspriester	9 *(2010 / AP2011)*
Katholiken je Priester	990
Ordensbrüder	23 *(2010 / AP2011)*
Ordensschwestern	211 *(2010 / AP2011)*
Ritus	Römischer Ritus
Liturgiesprache	Englisch
Kathedrale	Cathedral of the Assumption of the Blessed Virgin Mary
Website	tuamarchdiocese.org [1]
Suffraganbistümer	Achonry Clonfert Elphin Galway und Kilmacduagh Killala
Kirchenprovinz	

Das **Erzbistum Tuam** (ir.: *Ard-Deoise Thuama*, lat.: *Archidioecesis Tuamensis*) ist eine Diözese der römisch-katholischen Kirche Irland mit Sitz in Tuam im County Galway.

Als erster Bischof von Tuam gilt Iarlaithe mac Loga (Jarlath) im 6. Jahrhundert. Das Bistum wurde im Jahre 1111 durch die Synode von Rathbreasail gegründet und 1152 zum Erzbistum erhoben. In der Folgezeit gingen die mittelalterlichen Bistümer von Annaghdown und Mayo in der neuen Diözese auf.

Unter Elisabeth I. wurde die Marienkathedrale aus dem 14. Jahrhundert anglikanisch, und der öffentliche katholische Gottesdienst blieb bis ins 18. Jahrhundert verboten. Erst im 19. Jahrhundert konnte die neugotische Kathedrale Mariä Himmelfahrt als neue Bischofskirche errichtet werden.

Das Gebiet des Erzbistums befindet sich im Westen Irlands. Die Bistümer Achonry, Clonfert, Elphin, Galway und Kilmacduagh sowie Killala sind als Suffraganbistümer zugeordnet.

Siehe auch

- Liste der katholischen Bistümer
- Liste der Erzbischöfe von Tuam

Weblinks

- Offizielle Webseite des Erzbistums Tuam [2]

Kathedrale von Tuam

References

[1] http://tuamarchdiocese.org/
[2] http://www.towardsthegoal.com/index_eng.html

Ordensbruder

Franziskanerbruder in Assisi

Ordensbrüder im weiteren Sinn sind die männlichen Mitglieder einer christlichen Ordensgemeinschaft (Ordensmänner).

In vielen Männerorden werden jedoch nur solche Mitglieder als *Brüder* (lat. *Fratres*) bezeichnet, die nicht Priester sind (Laienbrüder), während die Kleriker als *Patres* bezeichnet werden. Andere Orden (etwa die franziskanischen Orden und andere Bettelorden) legen dagegen Wert darauf, dass alle männlichen Mitglieder (auch die Ordenspriester) sich als *Bruder* bezeichnen.

Die Ordensmitglieder nennt man bei monastischen Männerorden auch Mönche, bei Kanonikerorden auch Chorherren.

In den meisten monastischen Männerorden galten die als Konversen bezeichneten Laienbrüder bis zur Reform des römisch-katholischen Ordenslebens nach dem 2. Vatikanischen Konzil nicht als vollwertige Mönche.

Die Anrede eines Ordensbruders lautet *Bruder* (Br.) oder *Frater* (Fr.), für Priester und Diakone wird in aller Regel *Pater* (P.) verwendet. Die Chorherren eines Kanonikerordens werden auf Deutsch mit *Herr* und mitunter auch auf Latein mit *Dominus* angesprochen. Im Malteserorden ist zur Anrede der Professritter die italienische Kurzform *Fra'* gebräuchlich.

Siehe auch

- Ordensschwester
- Ordensgelübde
- Ordensinstitut

Pfarrei

Eine **Pfarrei** bzw. **Pfarre** (*parochia, paroecia*) ist in der Gliederung der römisch-katholischen Kirche eine rechtlich abgegrenzte Gemeinschaft von Gläubigen, dem ein Pfarrer vorsteht. Die Gemeinschaft der Gläubigen nennt man *Pfarrgemeinde*, auch das dazugehörige Seelsorgegebiet, als Amtsbezirk auch *Pfarrbezirk* oder *Pfarrsprengel*, der Amtsbezirk, Amtssitz des Pfarrers und auch die amtliche Würde nennt man auch *Pfarrei* oder *Pfarramt*, das Amts- und Wohngebäude selbst heißt auch *Pfarrhaus (Pfarrhof)*.

Historische Entwicklung

Entstehung

Das frühe Christentum war eine Stadtreligion. In jeder Stadt mit christlicher Gemeinde leitete der Bischof, unterstützt von seinen Klerikern die Seelsorge. Die Bischofskirche stellte dabei auch gleichzeitig den Mittelpunkt des christlichen Lebens dar. Ab dem 2. Jahrhundert dehnte sich das Christentum jedoch mehr und mehr auch auf ländliche Gebiete aus, beziehungsweise dehnte es sich in Gebiete aus, die kaum Städte aufwiesen. Im Osten wurde die Seelsorge dort zunächst von so genannten Chorbischöfen übernommen[1] . Alsbald jedoch traten vom Bischof der nächstliegenden Stadt ernannte Kleriker an deren Stelle. Im Westen wurden mit der zunehmenden Christianisierung Seelsorgebereiche eingerichtet, die durch vom Bischof entsandte Kleriker geleitet wurden. Diese Kleriker besaßen anfangs nur delegierte Kompetenzen, z.B. für Taufe und Eucharistie[1] .

Spätere Ausgestaltung

Ab dem 6. Jahrhundert wurden diese Seelsorgsbezirke als „parochia“ bzw „paroecia“ bezeichnet (siehe auch Urpfarrei). Die Pfarrstruktur wurde prägend für die Organisation der Seelsorge und damit für das Leben der Gläubigen. Die Entwicklung der Pfarrstruktur wiederum wurde durch das Eigenkirchenwesen, Stiftswesen und Klöster bestimmt[1] . Schließlich entwickelte sich ein flächendeckendes System von Pfarreien, das immer dichter wurde. Für die Errichtung neuer Pfarreien entwickelten sich zwei Bedingungen: Zunächst musste der Unterhalt des Pfarrers sichergestellt sein. Dies geschah durch Pfründen (Benefizien), deren Erträge dem Pfarrer zugute kamen. Die zweite Bedingung war die Ausstattung der Pfarrei selbst mit hinreichenden Finanzmitteln, insbesondere für den Erhalt der Pfarrkirche. Hierfür wurde jeweils eine Kirchenstiftung („fabricae ecclesiae“) eingerichtet[1] . Durch den Pfarrzwang waren die Gläubigen gehalten, die Sakramente in ihrer eigenen Pfarrei zu empfangen.

Nach einem Dekret Papst Alexanders III. (1159–1181) konnten für Gläubige in entfernteren Gebieten Filialkirchen oder Vikariate eingerichtet werden[1] .

Entwicklung nach dem Konzil von Trient

Das Konzil von Trient bestimmte, dass es kein pfarrloses Kirchenvolk mehr geben dürfte. Jeder Gläubige musste einer Pfarrei zugeordnet sein. Die Territorialpfarrei, also die Zusammenfassung der auf einem Gebiet zusammenlebenden Gläubigen wurde dabei zum Regelfall. Daneben bestehen aber bis heute auch Personalpfarreien, jedoch in wesentlich geringerer Zahl. Zudem regelte das Konzil die Aufgaben, Rechte und Pflichten des Pfarrers neu, insbesondere was die Predigt, die Eheassistenz und die Applikationspflicht an Sonn- und gebotenen Feiertagen anging. Zudem wurden die Pfarrer ausdrücklich zur Residenz in ihrer Pfarrei und zur Führung von Kirchenbüchern (Taufbücher, Ehebücher) verpflichtet[1] .

Neuere Entwicklungen

Die Pfarrei stellt bis heute den zentralen Raum für das christliche und gemeindliche Leben des Volkes Gottes dar. Im neueren Kirchenrecht (s. u.) besteht jedoch kein Pfarrzwang mehr, so dass Gläubige heute freier über den Ort von Taufe, Eheschließung und Beerdigung entscheiden können. Die höhere Mobilität ermöglicht zudem das gezielte Aufsuchen besonderer Angebote anderer Pfarreien.

Bedingt durch den Priestermangel werden Pfarreien in einigen europäischen Ländern in den letzten Jahren verstärkt zusammengelegt. Daneben hat der Zusammenschluss von Pfarreien zu Pfarrverbänden eine erhöhte Bedeutung erhalten.

Kirchenrechtlicher Status

Überblick

Nach dem heutigen kirchlichen Recht ist die Pfarrei „eine bestimmte Gemeinschaft von Gläubigen, die in einer Teilkirche auf Dauer errichtet ist und deren Seelsorge unter der Autorität des Diözesanbischofs einem Pfarrer als ihrem eigenen Hirten anvertraut wird" (can 515 § 1 CIC). Jede Diözese muss in Pfarreien aufgeteilt sein (can 374 § 1 CIC). Ihre Errichtung, Aufhebung und Veränderung ist allein Sache des Diözesanbischofs, der jedoch den Priesterrat zu hören hat (can 515 § 2 CIC). Die Pfarrei besitzt von Rechts wegen Rechtspersönlichkeit (can 515 § 3 CIC).

Der Pfarrer als Hirte der Gemeinde muss die Priesterweihe empfangen haben (can 521 § 1 CIC). Die Möglichkeit, eine Pfarrei einem Kanonikerkapitel (etwa einem Domkapitel) oder einer Ordensgemeinschaft zu inkorporieren, besteht nach dem Kirchenrecht von 1983 nicht mehr (can 520 § 1 CIC). Wenn einem Kanonikerkapitel oder einer Ordensgemeinschaft die Pfarrseelsorge übertragen war oder übertragen werden soll, so muss eines der Mitglieder zum ordentlichen Pfarrer bestellt werden.

Sonderformen der pfarrlichen Organisation

Wegen Priestermangels kann einem Pfarrer die Seelsorge für mehrere Pfarreien übertragen werden (can 526 § 1, 2. HS, 534 § 2). Dies stellt faktisch die Gründung eines Pfarrverbands dar und ist eine Sonderform der pfarrlichen Seelsorgsorganisation [2] . Weitere Sonderformen sind die solidarische Priestergemeinschaft mit einem Moderator (can 517 § 1 CIC), bei der die Seelsorge einer Gemeinschaft von Priestern übertragen wird und einer dem Bischof als Moderator verantwortlich ist, die Pfarrei als Seelsorgsstelle (can 517 § 2 CIC), bei der bestimmte seelsorgerliche Aufgaben unter Oberaufsicht eines benachbarten Pfarrers an einen Diakon oder Laien übertragen werden und die anvertraute Pfarrei, bei der die Seelsorge einem klerikalen Ordensinstitut übertragen wird.

Arten von Pfarreien

Im Laufe der Zeit haben sich mehrere Arten von Pfarreien ausgeprägt. Die gängige Form ist die Territorialpfarrei. Bei der Territorialpfarrei werden die auf einem abgegrenzten Gebiet lebenden Gläubigen einer Pfarrei zugewiesen. Jeder Territorialpfarrei können eine oder mehrere Filialgemeinden zugewiesen sein. Seltener ist die Personalpfarrei, die einen gewissen nicht gebietsabhängigen Kreis von Gläubigen zusammenfasst. Sie stellt insoweit eine Durchbrechung des sich aus can 374 § 1 CIC ergebenden Territorialitätsprinzips dar[3] . Personalpfarreien werden insbesondere errichtet, um den seelsorglichen Bedürfnissen von bestimmten Gruppen entgegenzukommen. Ein Fall der Personalpfarrei sind die Gemeinden für Katholiken anderer Muttersprache. Nach dem *Motu proprio* Summorum pontificum sind Bischöfe ausdrücklich ermächtigt, Personalpfarreien für Gläubige einzurichten, die die Sakramente nach den liturgischen Büchern von 1962 (Tridentinischer Ritus) empfangen wollen.

Von der gewöhnlichen Pfarrei zu unterscheiden sind die Pfarrvikarien, -lokalien, -kuratien und -rektorate. Dabei handelt es sich um Quasipfarreien, die nicht denselben Status wie eine kanonische Pfarrei besitzen, dieser jedoch weitgehend gleichgestellt sind.

Abgrenzung zum Begriff Kirchengemeinde

Von der Pfarrei ist die Kirch(en)gemeinde zu unterscheiden. Der Begriff der Kirchengemeinde kommt im katholischen Kirchenrecht nicht vor. In Deutschland ging das Allgemeine Preußische Landrecht von protestantischen Begrifflichkeiten aus und betrachtete die Kirchengemeinde wegen deren Funktion bei der Vermögensverwaltung als juristische Person. Dies setzte sich im Staatskirchenrecht durch, so dass der Staat die Gesamtheit der Angehörigen einer Pfarrei als Kirchengemeinde betrachtete, obgleich diese bis 1983 keine Rechtspersönlichkeit im innerkirchlichen Recht besaß[4] (Rechtsträger der Pfarrei war damals die Kirchenstiftung). Daher kommt der Kirchengemeinde heute in Deutschland eine entscheidende Bedeutung im Staatskirchenrecht zu, wobei sie jedoch von der Pfarrei zu unterscheiden ist. So kann eine Pfarrei durchaus aus zwei Kirchengemeinden bestehen, die dann auch jeweils einen Vermögensverwaltungsrat (Verwaltungsrat, Kirchenverwaltungsrat) haben. In der Schweiz gibt es in Kantonen mit Landeskirchenmodell ebenfalls einen Dualismus zwischen staatlicher und kirchlicher Struktur, wobei dieser noch wesentlich bedeutender ist, weil die betreffenden Kantone die Anerkennung der Kirche als Religionsgemeinschaft von bestimmten Bedingungen, etwa einer demokratischen Wahl des Pfarrers, abhängig gemacht hat. Die so als Parallelstruktur zu Bistum und Pfarrei existierenden Landeskirchen und Kirchgemeinden erhielten so das Besteuerungsrecht als vom Kanton geliehene Hoheitsgewalt[5] .

Einzelnachweise

[1] Krämer, *Pfarrei*, in LThK, S. 164
[2] Aymans/Mörsdorf, *Kanonisches Recht*, Bd. II, S. 419
[3] Aymans/Mörsdorf, *Kanonisches Recht*, Bd. II, S. 414
[4] Lederer, *Kirchengemeinde*, in LThK, 2. Auflage, S. 207
[5] A. Loretan, Scriptum Religionsverfassungsrecht, S. 22 (http://www.unilu.ch/files/scriptum_staatliches-religionsverfassungsrecht.pdf)

Literatur

- Peter Krämer, Pfarrei, in: LThK, 3. Auflage, Herder Verlag
- Aymans - Mörsdorf, Kanonisches Recht, Schöningh Verlag, Paderborn 1997, ISBN 3-506-70482-6

Römischer_Ritus

Als **Römischer Ritus** wird die seit der Spätantike in Rom gefeierte Liturgie bezeichnet, die Heilige Messe, die Feier der Sakramente und Sakramentalien sowie die Feier des Stundengebets, der Feste und geprägten Zeiten der römisch-katholischen (lateinischen) Kirche. Ebenfalls als *Römisch* wird das zur Messfeier gehörige Messbuch (Missale Romanum) bzw. die Ritusbücher (Pontificale Romanum, Rituale Romanum) und das Stundenbuch (siehe auch Brevier) bezeichnet. Die nachstehenden Ausführungen beziehen sich hauptsächlich auf die Feier der Heiligen Messe im Römischen Ritus.

Geschichte

Hochaltar im Kölner Dom zur Feier der Heiligen Messe in der heutzutage üblichen ordentlichen Form (forma ordinaria).

Der Römische Ritus wurde anfangs nur in Rom gefeiert. Im Laufe der Jahrhunderte hat sich der römische Ritus auch in den Ländern verbreitet, die sich auf den Papst als Oberhaupt der Kirche bezogen. Daneben entstanden aber auch lokale Traditionen (z. B. in Frankreich: Gallikanischer Ritus, der Ambrosianische Ritus in Mailand, in England: Sarum-Usus, entstanden in Salisbury).

Frühes Christentum

Es ist unklar, wann genau Griechisch als Liturgiesprache abgeschafft und Latein anstelle der griechischen Sprache eingeführt wurde. Papst Viktor I. (190 - 202) könnte der erste Papst gewesen sein, der in Rom die Heilige Messe in lateinischer Sprache feierte. Vermutlich fand der Wechsel der Liturgiesprache nach und nach statt, und beide Sprachen wurden eine Weile nebeneinander verwendet.

Hochaltar mit Tabernakel zur Feier der Heiligen Messe in der außerordentlichen Form (forma extraordinaria).

Vor dem Pontifikat Gregor des Großen (590 - 604) gab es viele Änderungen des Römischen Ritus, inbegriffen eine „komplette Umgestaltung des Kanons“. [1] Unter Papst Gregor fand eine allgemeine Überarbeitung des Ritus' statt, die „vieles entfernte, ein wenig änderte, einiges hinzufügte“. [2]

Mittelalter

Gegen Ende des achten Jahrhunderts befahl Karl der Große die Verwendung des römischen Messritus in seinem Herrschaftsbereich. Nördlich der Alpen wurden einige Elemente des vorher verwendeten Gallikanischen Ritus mit dem Römischen Ritus verbunden. Unter dem Einfluss der Nachfolger Karls des Großen wurde dieser römisch-fränkische Mischritus später in Rom eingeführt und somit für die lateinische Kirche maßgeblich.

Liturgiereform gemäß dem Beschluss des Konzils von Trient

Die Reformation kritisierte nicht nur vorhandene gottesdienstliche Missbräuche, sondern bestritt auch die überlieferte katholische Lehre vom Messopfer der Eucharistie. Beides machte aus Sicht der Konzilsväter des Konzils von Trient (1545 -1563) eine Vereinheitlichung der Liturgie erforderlich, um die Gültigkeit und die Würde der Feiern zu sichern. Aus Zeitgründen übertrug das Konzil die Erstellung und Veröffentlichung der reformierten liturgischen Bücher dem Papst in Rom. Gemäß dem Beschluss des Konzils von Trient wurden in den folgenden Jahrzehnten alle gottesdienstlichen Bücher revidiert und amtlich veröffentlicht. Unter Papst Pius V. erschien 1570 das Messbuch unter dem Titel Missale Romanum (vormals: *Missale secundum consuetudinem Romane Curie*). Für diesen Druck wurden, so die Bulle Quo primum tempore, die ältesten damals verfügbaren Handschriften und Messbücher herangezogen, um Verformungen zu beseitigen und um eine möglichst traditionstreue Fassung aus der Zeit vor den Unruhen der Reformation wiederherzustellen (*restituere*). Tatsächlich handelt es sich hierbei lediglich um eine Überarbeitung des *Missale curiae*, des Messbuchs der Römischen Kurie, von dem zwischen 1474 und 1570 etwa 300 Ausgaben gedruckt worden waren. Das *Missale Romanum* Pius' V. wurde in der ganzen (abendländischen) Kirche für verbindlich erklärt, nur Bistümer und Orden, die seit wenigstens zwei Jahrhunderten eine eigene Diözesan- oder Ordensliturgie besaßen, durften ihre besonderen gottesdienstlichen Bücher weiterhin verwenden. Auch Übersetzungen in verschiedene Landessprachen blieben erhalten (Altslawischer Ritus) oder wurden in der Folgezeit erstmals genehmigt (z. B. in das Persische, Äthiopische und Chinesische). Mit und nach dem Konzil von Trient setzte sich im katholischen Kirchenbau seit dem 16. Jahrhundert die pastoral motivierte Regel durch, den Gläubigen die unbehinderte Sicht auf das liturgische Geschehen am Hauptaltar zu ermöglichen (z. B. durch Entfernung vorhandener Lettner)[3] . Der sich im 20. Jahrhundert verbreitende sogenannte Volksaltar steht in dieser Tradition.

Die Liturgiereform des Tridentinums unterscheidet sich von der des 20. Jahrhunderts somit vor allem durch ihren geringen Umfang sowie weniger fortgeschrittene liturgiegeschichtliche Kenntnisse, besonders über den Gottesdienst der Alten Kirche und der Ostkirchen. Die liturgischen Bücher wurden von den nachfolgenden Päpsten mehrfach revidiert und verbessert und teilweise an die Erfordernisse der jeweiligen Zeit angepasst. Bedeutende Änderungen des Missale Romanum vor dem Zweiten Vatikanischen Konzil waren die unter Papst Pius XII. (1939 - 1958) durchgeführte Neuordnung der Liturgie der Osternacht und der Heiligen Woche sowie die durch Papst Johannes XXIII. (1958 -1963) vorgenommene Veröffentlichung des unter Pius XII. vorbereiteten Codex Rubricarum. Auf dieser Grundlage beruht die Editio typica des Missale Romanum von 1962 (siehe auch: Tridentinische Messe). Mit dem Motu proprio „Rubricarum Instructum" schrieb Papst Johannes XXIII. die ausschließliche Verwendung dieses neugestalteten Missale Romanum vor und setzte die früheren *Rubricae generales* des Missale Romanum mit Wirkung vom 1. Januar 1961 außer Kraft. Dabei widerrief er ausdrücklich jegliche entgegenstehenden Privilegien, Indulte und Bräuche „etiam saecularia et immemorabilia", das heißt, „auch wenn seit Jahrhunderten oder seit unvordenklichen Zeiten bestehend".

Eine stärker werdende liturgische Erneuerungsbewegung, die im 19. Jahrhundert ihren Anfang nahm, forderte jedoch tiefgreifendere Reformen. Diese wurden erst durch das Zweite Vatikanische Konzil möglich (s. u.).

Liturgiereform gemäß dem Beschluss des Zweiten Vatikanischen Konzils

Am 4. Dezember 1963 verkündet das Zweite Vatikanische Konzil in seiner Konstitution über die heilige Liturgie (Sacrosanctum Concilium):

> „Der Mess-Ordo soll so überarbeitet werden, dass der eigentliche Sinn der einzelnen Teile und ihr wechselseitiger Zusammenhang deutlicher hervortreten und die fromme und tätige Teilnahme der Gläubigen erleichtert werde. Deshalb sollen die Riten unter treulicher Wahrung ihrer Substanz einfacher werden. Was im Lauf der Zeit verdoppelt oder weniger glücklich eingefügt wurde, soll wegfallen. Einiges dagegen, was durch die Ungunst der Zeit verlorengegangen ist, soll, soweit es angebracht oder nötig erscheint, nach der altehrwürdigen Norm der Väter wiederhergestellt werden. Auf dass den Gläubigen der Tisch des Gotteswortes

reicher bereitet werde, soll die Schatzkammer der Bibel weiter aufgetan werden, so dass innerhalb einer bestimmten Anzahl von Jahren die wichtigsten Teile der Heiligen Schrift dem Volk vorgetragen werden."

Fast alle im Konzil versammelten Bischöfe erachteten eine Liturgiereform als dringend notwendig. Die wohl augenscheinlichsten Änderungen durch die Liturgiereform sind die Möglichkeit, die Messe allgemein in der *Volkssprache* zu feiern, und der Wunsch nach tätiger und bewusster Teilnahme der Laien an der Liturgie.

Papst Paul VI. ordnete nach dem Konzil die Umsetzung der Liturgiekonstitution und damit die Herausgabe eines neuen Messbuchs an. Er promulgierte am Gründonnerstag 1969 die Veröffentlichung einer neuen Ausgabe des Römischen Messbuchs, die 1970 erschien und die Editio typica Johannes' XXIII. von 1962 und den Ordo missae von 1965 ersetzte. In der Apostolischen Konstitution „Missale Romanum" erklärte Paul VI.:

> „Unsere Anordnungen und Vorschriften sollen jetzt und in Zukunft gültig und rechtskräftig sein, unter Aufhebung jedweder entgegenstehender Konstitutionen und Verordnungen Unserer Vorgänger sowie aller übrigen Anweisungen, welcher Art sie auch seien."

Seither benutzt der Römische Ritus mehrere Eucharistische Hochgebete neben dem überlieferten Römischen Messkanon, dessen Text nur überarbeitet wurde. Paul VI. redigierte überdies die Wandlungsworte, die einheitlich für jede gültige Messfeier vorgeschrieben sind. Neben der Feier der Eucharistie wurden auch die anderen Sakramente, die Feier des Stundengebets und der liturgische Kalender erneuert.

Näheres unter: Liturgiereform

Römischer Ritus heute

Die Ausgabe des Römischen Messbuchs von 1970 wurde, nach einer zweiten Ausgabe von 1975 noch unter Paul VI., durch Papst Johannes Paul II. 2000 in dritter Fassung herausgegeben, aber nur geringfügig geändert. Es erschien 2002 in lateinischer Fassung (Missale Romanum). Diesem Missale sind neben den vier 1968 gefassten Hochgebeten die zwei Hochgebete zur Versöhnung von 1975 sowie im Anhang Hochgebete für Messen mit Kindern und vier Varianten für Hochgebete in Messfeiern in besonderen Anliegen (aus den ehemaligen sogenannten „Schweizer Hochgebeten" hervorgegangen) beigefügt worden. Die Übersetzung dieser neuen Ausgabe des Messbuches in die verschiedenen Muttersprachen steht noch aus.

Im Apostolischen Schreiben *Sacramentum Caritatis* (2007) empfiehlt Papst Benedikt XVI. einen breiteren Gebrauch des Lateinischen in Messfeiern bei internationalen Veranstaltungen. Darüber hinaus sollen generell „die Gläubigen angeleitet werden, die allgemeinsten Gebete in Latein zu kennen und gewisse Teile der Liturgie im gregorianischen Stil zu singen."[4]

Im Jahr 1988 promulgierte Papst Johannes Paul II. eine eigene Variante des Römischen Ritus' für die Diözesen des damaligen Zaïre – den sogenannten Zaïrischen Messritus.

Neben der ordentlichen Form (*forma ordinaria*) des Römischen Ritus', die mit den durch die Päpste Paul VI. und Johannes Paul II. promulgierten liturgischen Büchern in Latein und in lebenden Sprachen gefeiert wird, dürfen Priester und Priestervereinigungen unter bestimmten Bedingungen auch die Liturgie von 1962 – als außerordentliche Form (*forma extraordinaria*) des Römischen Ritus' – feiern (Tridentinische Messe). Mit dem Apostolischen Schreiben Summorum Pontificum (2007) wurde die Anwendung der *forma extraordinaria* der Verantwortung der Ortsbischöfe und der Päpstliche Kommission Ecclesia Dei übertragen.

In römisch-katholischen Pfarreien der Vereinigten Staaten mit „Anglican Use" findet stattdessen das Book of Divine Worship Verwendung.

Aufbau der Heiligen Messe im Römischen Ritus der römisch-katholischen Kirche

siehe Hauptartikel Heilige Messe und Gemeindemesse

Aufbau der Heiligen Messe in der Alt-Katholischen Kirche in Deutschland

Der Ablauf und die Gestalt der **heiligen Messe** (auch *heiliges Amt* oder *heilige Eucharistie* genannt), wie sie in der Alt-Katholischen Kirche in Deutschland ursprünglich gefeiert wurde, war bis in die 1980er Jahre eine größtenteils getreue volkssprachliche Wiedergabe des Römischen Ritus in seiner tridentinischen Form, bis durch eine Liturgiereform unter der Ägide des damaligen Vorsitzenden der Liturgischen Kommission, dem Dekan und nachmaligen Bischof Sigisbert Kraft, der Aufbau der alt-katholischen Eucharistiefeier der nachkonziliaren römisch-katholischen Liturgie angepasst wurde.

Altarbuch 1959	Spezifika	Eucharistiebuch 1995/2006	Spezifika
		Eröffnung	
Stufengebet	P tief verneigt, Kreuzzeichen, Altarkuss, Absolution Die Gemeinde kniet.		
Einzugslied (Introitus)	Die Gemeinde steht bis zur Predigt.	Introitus – Eröffnungsgesang	Psalm mit Kehrvers oder Eröffnungslied oder Kyrielitanei oder -lied Altarkuss; ggf. Inzens des Altares Die Gemeinde steht.
Kyrie	ggf. Inzens des Altares	Kyrierufe	falls nicht schon zum Einzug zuvor: Begrüßung *(„Im Namen des Vaters")*
Gloria	nur an Sonntagen und Hochfesten; nicht im Advent und in der Fastenzeit; Kreuzzeichen zum Abschluss	Gloria oder Glorialied	entfällt an Wochentagen, an Sonntagen im Advent und in der Fastenzeit
Kirchengebet	epistelseitig zuvor: Altarkuss und Gruß	Gebet des Tages	vom Priestersitz aus
		Wortgottesdienst	Alle setzen sich.
Lesung (Epistel)	ggf. durch Subdiakon	Erste Lesung	in der Regel aus dem Alten Testament
Zwischengesang (Graduale)		Antwortpsalm	
–		Zweite Lesung	in der Regel aus dem Neuen Testament
Halleluja bzw. Bußgesang (Tractus)		Ruf vor dem Evangelium	Alle erheben sich.
Evangelium	ggf. durch den Diakon kleines Kreuzzeichen ggf. Inzens; Kuss des Buches	Evangelium	kleines Kreuzzeichen, Kuss des Buches, ggf. Inzens
Predigt	Die Gemeinde sitzt.	Predigt oder eine andere Form der Verkündigung	Die Gemeinde sitzt.
Glaubensbekenntnis (Nizänum)	Kreuzzeichen zum Abschluss Credo nur sonntags	Glaubensbekenntnis	Apostolicum oder Nizänum entfällt an Wochentagen Die Gemeinde steht.
(Fürbitten)	nur in der Zweiten Ordnung	Fürbitten	anschließend: Friedensgruß
Opferbereitung		**Mahl des Herrn**	

Gebet über die Gaben (Secreta)	zuvor: ggf. Gabenprozession (Subdiakon/Diakon) Altarkuss, Gruß, Begleitgebete Erhebung des Brotes Vermischung des Weines mit Wasser Erhebung des Kelches ggf. Segnung weiterer Gaben ggf. Inzens (ohne Personeninzens) Händewaschung und Versikel	Bereitung der Gaben	Mischung, Inzens, Händewaschung fakultativ; Gemeindelied, Stille oder Begleitgebete Versikel und/oder Gebet über die Gaben
Dankgesang (Präfation)	zuvor: Eingangsdialog	Eucharistiegebet mit Eingangsdialog, Präfation,	Alle erheben sich.
Heilig	dreimaliges Schellenzeichen	Sanctus	
Darbringung und Weihe			
(Canon Missae)	Kniebeuge vor und nach der Elevation der Hostie und des Kelches und nach Beendigung der Doxologie; insgesamt 22 Kreuzzeichen über die Gaben Die Gemeinde kniet auf ein Klingelzeichen hin.	Einsetzungsbericht, anamnetischer Akklamation, Epiklese, Doxologie (Großer Lobpreis), Amen	1 Kreuzzeichen über die Gaben, Nachahmungsgesten (außer Brechung der Hostie) Alle am Altardienst Beteiligten machen nach Beendigung des Gebets eine Kniebeuge.
Opfermahl			
Brotbrechung und Einsenkung einer Hostienpartikel in den Kelch	Agnus Dei als Begleitgesang Die Gläubigen schlagen sich an die Brust.	Vater unser	ohne Embolismus; kann auch dem Brotbrechen folgen
Vater unser	mit Embolismus	Friedensgruß	falls nicht bereits zum Abschluss der Fürbitten Antwort: *„Friede mit uns allen!"*
Friedensgruß	anschließend: Kommuniongebete Schellenzeichen – Die Gemeinde kniet. Versikel: *„Herr, ich bin nicht würdig"* Die Gläubigen schlagen sich an die Brust.	Brotbrechen	Agnus Dei oder ein anderer Brotbrechungsgesang oder Stille
Kommunion	zuerst Priester, dann Gläubige; währenddessen: Antiphon	Austeilung des Heiligen Mahles	zuvor: Einladungswort Kniebeuge des Priesters
Kelchkommunion des Priesters	anschließend: Purifikation und Gebet nach der Kommunion	Danklied, Psalm oder Stille	Überbringung der Hostien in den Tabernakel und der Gefäße zur Kredenz
Dankgebet (Postcommunio)	zuvor: Gruß	Gebet nach der Kommunion	ggf. folgen Ankündigungen für die Gemeinde
		Segen und Entlassung	
Entlassungsruf	zuvor: Gruß	Vor dem Segen	Gruß; vor dem bischöflichen Segen: Versikel
Segen	mit Kreuzzeichen über die Gemeinde. Die Gemeinde kniet.	Segensbitte	anschließend: Entlassungsruf Altarkuss

Weblinks

- Allgemeine Einführung in das Römische Messbuch [5]
- Schott-Messbuch – Originaltexte der authentischen deutschen Ausgabe des Messbuches und des Messlektionars [6]
- CATHOLIC ENCYCLOPEDIA: The Roman Rite [7]
- romanrite.com [8] – englischsprachige Website zum Thema Römischer Ritus

Einzelnachweise

[1] Catholic Encyclopedia, *Liturgy of the Mass* (http://www.newadvent.org/cathen/09790b.htm)
[2] Johannes Hymonides, Biograph Gregor des Großen
[3] Bernard Chédozeau, Chœur clos, chœur ouvert. De l'église médiévale à l'église tridentine (France, XVIIe-XVIIIe siècle), Paris, Cerf, 1998.
[4] Heiliger Stuhl: Nachsynodales Apostolisches Schreiben *Sacramentum Caritatis* (http://www.vatican.va/holy_father/benedict_xvi/apost_exhortations/documents/hf_ben-xvi_exh_20070222_sacramentum-caritatis_ge.html), abgerufen am 14. März 2007.
[5] http://www.liturgie.de/aem.html
[6] http://erzabtei-beuron.de/schott/index.php
[7] http://www.newadvent.org/cathen/13155a.htm
[8] http://www.romanrite.com/

Marienkathedrale_von_Killarney

Die **Marienkathedrale von Killarney** ist eine römisch-katholische Kathedrale in Killarney in der irischen Grafschaft Kerry. Sie ist ebenfalls Bischofskirche des Bistums Kerry.

Marienkathedrale von Killarney

Geschichte

Bevor die neugotische Kathedrale von Killarney erbaut wurde, fanden die Messen in einer kleinen Kapelle statt. Joseph O'Sullivan, ein Pfarrer aus Dingle, hatte die Idee für den Bau einer Kathedrale; Bischof Cornelius Egan und ein lokaler Adeliger waren von der Idee begeistert.

1828 wurde ein Ausschuss für den Bau einer Kathedrale gegründet. 1840 fertigte der Architekt Augustus Welby Northmore Pugin einen Bauplan für die Kathedrale an. Im Sommer des Jahres 1842 legte man den Grundstein. Im Mai 1848 kamen die Bauarbeiten wegen der großen Hungersnot in Irland zum Erliegen.

Zu Beginn des Jahres 1853 wurden die Bauarbeiten unter der Leitung von J. J. McCarthy wieder aufgenommen.[1] Am 22. August 1855 wurde die Kirche der Himmelfahrt der Jungfrau Maria geweiht.

Sie ist die drittgrößte Kathedrale in Irland. Ihr Turm ist 86,8 Meter hoch.

Orgel

Fenster

Linke Kapelle

Anmerkungen

[1] Jeanne Sheehy: *J. J. McCarthy and the Gothic Revival In Ireland.* Ulster Architectural Heritage Society, Belfast 1977, ISBN 090045721X, S. 45.

Weblinks

Koordinaten:
[//toolserver.org/~geohack/geohack.php?pagename=Marienkathedrale_von_Killarney&language=de&params=52.0586_N_9.5174_
52° 3′ 31″ N, 9° 31′ 3″ W]

Liste_der_Bischöfe_von_Ardfert

Die folgenden Personen waren Bischöfe von Ardfert (Irland) (heute Bistum Kerry):

- vor 512 Erth of Cornwall, auch Erc, Ercus, Herygh oder Urith genannt
- 1117 Anmchad O h-Anmchada
- 1152 Mael Brenain Ua Ronain
- 1166 Gilla Mac Aiblen O'Anmehadha
- 1193 Domnall O Connairche
- 1200 David Ua Duibdithrib
- 1217 ?
- 1218 Johannes I., O.S.B.
- 1218 Gilbertus
- 1237 Brendan
- 1253 Christianus, O.P.
- 1257 Philippus
- 1265 Johannes II.
- 1286 Nicolaus
- 1288 Nicol Ó Samradain, O.Cist.
- 1336 Ailin Ó hEichthighirn
- 1331 Edmund von Caermaerthen, O.P.
- 1348 John de Valle
- 1372 Cornelius Ó Tigernach, O.F.M.
- 1380 William Bull
- 1411 Nicholas FitzMaurice
- 1404 Nicholas Ball
- 1405 Tomas Ó Ceallaigh, O.P.
- 1409 John Attilburgh [Artilburch], O.S.B.
- 1450 Maurice Stack
- 1452 Maurice Ó Conchobhair
- 1461 John Stack
- 1461 John Pigge, O.P.
- 1473 Philip Stack
- 1495 – 1536 John FitzGerald
- 1536 – 1583 James FitzMaurice, O.Cist.
- 1591 – 1600 Michael FitzWalter
    - um 1601 Michael Egan (Apostolischer Vikar)

- 1611 – 1650 Richard O'Connell (Apostolischer Vikar)
  - um 1657 Moriarty O'Brien
  - um 1700 Aeneas O'Leyne (Apostolischer Vikar)
- 1720 – 1739 Denis Moriarty
- 1739 – 1743 Eugene O'Sullivan
- 1743 – 1753 William O'Meara
- 1753 – 1774 Nicholas Madgett
- 1775 – 1786 Francis Moylan
- 1787 – 1797 Gerard Teehan
- 1798 – 1824 Charles Sughrue
- 1824 – 1856 Cornelius Egan
- 1856 – 1877 David Moriarty
- 1878 – 1881 Daniel McCarthy
- 1881 – 1889 Andrew Higgins
- 1889 – 1904 John Coffey
- 1904 – 1917 John Mangan
- 1917 – 1927 Charles O'Sullivan
- 1927 – 1952 Michael O'Brien
- 1952 – 1969 Denis Moynihan (*Bistum wurde 1952 in Kerry umbenannt.*)
- 1969 – 1976 Eamon Casey
- 1976 – 1984 Kevin McNamara
- 1985 – 1994 Diarmaid O' Súilleabháin
- 1995 – heute William Murphy

Weblinks

- Bischöfe von Irland [1]
- Geschichte des Bistums (englisch) [2]
- Geschichte des katholischen Bistums [3]

References

[1] http://www.crockford.org.uk/listing.asp?id=22
[2] http://www.rootsweb.com/~irlkik/ihm/diocese.htm
[3] http://www.newadvent.org/cathen/08627a.htm

Ordensschwester

Eine **Ordensschwester** oder **Ordensfrau** ist ein weibliches Mitglied einer Ordensgemeinschaft. Die Ordensschwester weiht ihr Leben Gott und dem Dienst an den Menschen. Sie ist durch Gelübde oder Versprechen an Gott, die Kirche und ihre Gemeinschaft gebunden und dabei ihrer Oberin (beispielsweise einer Äbtissin oder Priorin) unterstellt.

Schwesternkonvent in New Orleans in traditioneller Tracht, um 1900

Ordensschwestern werden oft fälschlich generell als **Nonnen** bezeichnet. Nonnen sind jedoch nur die in Klausur lebenden, weiblichen Angehörigen monastischer Orden. Die männliche Entsprechung der *Nonne* ist der Mönch.

Bestimmt wird die Lebensform aller Ordensleute durch die Evangelischen Räte (d. h. Ratschläge des Evangeliums), deren Einhaltung sie mit ihrer Profess öffentlich versprechen:

- Armut (Verzicht auf persönlichen Besitz)
- Ehelosigkeit (Verzicht auf Ehe und Familie sowie die Führung eines Lebens in vollkommener Keuschheit)
- Gehorsam (Bindung an die gewählte Lebensform unter der Führung eines Ordensoberen nach einer Ordensregel)

Ein wichtiges Wesenselement des Ordenslebens ist darüber hinaus das Leben in Gemeinschaft, etwa in Klöstern, Konventen, Fraternitäten oder anderen Kommunitäten.

Ordensschwestern in Kölner Dom, 2010

Ordensschwestern bzw. Nonnen gibt es in praktisch allen vorreformatorischen christlichen Kirchen. Nicht zu den Ordensschwestern gezählt werden die ohne Ordensgelübde auf *Beginenhöfen* lebenden Beginen und die evangelischen Diakonissen. Auch die Mitglieder katholischer Säkularinstitute werden nicht als Ordensfrauen oder -männer bezeichnet, obwohl auch sie häufig Gelübde oder Versprechen ablegen.

Ordensfrauen gehören in den Kirchen, die das Weihesakrament kennen und keine Frauenordination zulassen, grundsätzlich nicht zum Klerus. Traditionell bilden sie vielmehr (zusammen mit nicht-geweihten männlichen Religiosen, Eremiten, gottgeweihten Jungfrauen und Witwen) einen eigenen geistlichen Stand, der weder klerikalen noch laikalen Charakter besitzt: den *Stand des geweihten Lebens* (Vita consecrata = geweihtes Leben) [1] [2] Kirchenrechtlich gesehen sind sie in der lateinischen Kirche heute aber den Laien zuzurechnen[3] .

Einzelnachweise

[1] CIC, Can. 588, § 1. *Der Stand des geweihten Lebens ist seiner Natur nach weder klerikal noch laikal.*

[2] *Gemäß der überlieferten Lehre der Kirche ist das geweihte Leben seiner Natur nach weder laikal noch klerikal, und darum stellt die „Weihe von Laien", von Männern wie Frauen, einen in sich vollkommenen Stand der Gelübde der evangelischen Räte dar. Sie hat daher sowohl für die betreffende Person als auch für die Kirche einen eigenen Wert, unabhängig vom Weiheamt.* (Johannes Paul II., Nachsynodales Apostolisches Schreiben Vita consecrata – über das geweihte Leben und seine Sendung in Kirche und Welt, vom 25. März 1996)

[3] Can. 207 CIC: *„Kraft göttlicher Weisung gibt es in der Kirche unter den Gläubigen geistliche Amtsträger, die im Recht auch Kleriker genannt werden, die übrigen dagegen heißen auch Laien."* Bruno Primetshofer (*Ordensrecht.* Rombach, Freiburg i. B., 4. Auflage 2003, S. 28) stellt im Anschluss an das oben stehende Zitat aus dem Kodex noch einmal ausdrücklich klar: *„Christen, die sich zu einem Leben nach den Evangelischen Räten verpflichtet haben, stellen nach dem CIC keinen zusätzlichen Stand in der Kirche dar, sondern sind entweder Kleriker oder Laien."*

Siehe auch

- Liste der katholischen Frauenorden
- Virgo consecrata
- Vita consecrata

Römisch-katholische_Kirche_auf_der_Insel_Irland

Die **römisch-katholische Kirche auf der Insel Irland** blickt auf eine lange Geschichte zurück. Heute gehören ihr 76,7 % der Bevölkerung an, der größte Teil davon in der Republik Irland, die übrigen im Landesteil Nordirland des Vereinigten Königreichs.

Geschichte

Anfänge

Die römisch-katholische Kirche in Irland führt ihre Tradition auf den hl. Patrick zurück. Im keltischen Christentum bestand im ersten Jahrtausend eine große Mönchstradition. Zahllose Klöster mit verschiedenen Ordensregeln, jedes hatte für gewöhnlich eine eigene, besiedelten das Land. Hierbei gab es einen großen Hang zur Mission, der sich durch das Opfer des heimatlichen Wegzuges erklären lässt (siehe: Wandermönch). Heilige wie Columban zogen auf das europäische Festland und gründeten neue Mönchszellen, welche zur Christianisierung Europas einen großen Beitrag leisteten. Geprägt durch einen strengen Bußcharakter, entwickelte sich hier die bis heute gebräuchliche Ohrenbeichte.

Die zahlreichen Äbte der Klöster waren zugleich Quasibischöfe, welche sich einen Weihbischof für die Pontifikalfunktionen hielten, da sie selbst zumeist keine Bischofsweihe besaßen. Erst mit der Synode von Rathbreasail im Jahr 1111 bildeten sich Diözesen im heutigen Sinne, die zumeist von ihrer Fläche eher klein waren. Zugleich verlor die irische Kirche ihre Bedeutung für die Weltkirche und erhielt diese erst durch einen neuen Missionsaufschwung im 19. Jahrhundert wieder. Zahlreiche Ordensgründungen, wovon viele in die Mission gingen, und zahlreiche Berufungen zum Priester- und Ordensleben gaben der katholischen Kirche von Irland wieder weltkirchliche Bedeutung.

Unter englischem Einfluss

Mit der Ausbreitung Englands auf der Insel, geriet die einheimische Bevölkerung immer weiter ins Hintertreffen. Bereits die Statuten von Kilkenny (1367) verboten den aus England stammenden Kolonisten die Übernahme irischer Gebräuche und auch die Heirat zwischen Iren und Engländern. Die Aufnahme von Iren in Kollegiatskapitel oder Klöstern wurde untersagt. Doch hatte dieser Beschluss keine Auswirkung auf die normalen Landgeistlichen. König Heinrich III. hatte bereits im Jahre 1217 an seinen Justiziar für Irland geschrieben, dass die Berufung von Iren auf einen Bischofsstuhl nicht zuzulassen sei, da die irischen Bischöfe immer wieder Probleme bereiten. Ein Protest der irischen Geistlichkeit führte dazu, dass Papst Honorius III. das Königsdekret 1220 und 1224 für unzulässig erklärte. In den folgenden Jahren ergriff man nun in den Gebieten der irischen Fürsten ähnliche Maßnahmen und verbot den Kapiteln und Klöstern die Aufnahme von Engländern. Auch die Beziehung zwischen englischen und irischen Klerikern war alles andere als harmonisch. Lediglich ihre Loyalität zum Papst einte sie noch. Mit der Zeit zeigte sich jedoch auch dem Papst, dass eine Aussöhnung der beiden Parteien nicht möglich war. So erließ Papst Leo X. eine nationale Trennung des Stifts von St. Patrick in Dublin und sprach es den Iren zu. Engländer sollten, so der päpstliche Erlass, keine Aufnahme mehr finden.

Gab es in Irland im 13. Jahrhundert noch ein aktives Bischofswahlrecht, so bedurfte der Erwählte im frühen 14. Jahrhundert bereits der Zustimmung des Königs von England. Schon wenige Jahre später ernannte der König gänzlich frei. Die "Wahl" war lediglich noch eine Meinungsäußerung des Kapitels. Entsprechend sahen oftmals auch die Bischofsernennungen aus. Die Kandidaten hatten ein größeres Interesse an einer politischen Karriere, denn an der Leitung ihres Bistums. Oftmals hielten die Bischöfe zugleich auch hohe politische Ämter. Innerhalb ihrer Diözese war ihr Einfluss eher gering, da der Großteil der Patronate in den Händen des Adels lag, der die entsprechenden Geistlichen einsetzte. So besaß der Earl of Kildare über vierzig Patrozinien in fünf Diözesen. Wie die Bischöfe, so hielten auch viele Pfarrer keine Residenz, sondern ließen sich durch schlecht bezahlte Vikare vertreten.

Unter König Heinrich VIII. gelangte ganz Irland an England. Wie in England, so kam es nun auch in Irland zum Kampf um den Supremat und in der Folge zur Säkularisierung zahlreicher Klöster und kirchlicher Einrichtungen. Doch anders als in England, traf der König hier auf einen vehementen Widerstand. Die königlichen Reformationsversuche brachten genau das Gegenteil hervor und Bevölkerung, Klerus und Bischöfe standen fester denn je auf der Seite des Papstes.

Zur Zeit Heinrichs VIII. gab es in Irland 231 Häuser der Augustinerchorherren, 36 der Prämonstratenser, 22 der Johanniter, 14 der Trinitarier, 9 der Benediktiner, 42 der Zisterzienser, 43 der Dominikaner, 65 der Franziskaner, 26 der Augustiner, 25 der Karmeliten und 43 verschiedenartige Nonnenklöster.

König Edward VI., Heinrichs Nachfolger, versuchte nun die katholischen Gottesdienste zu unterdrücken. Hierbei wurden 1548 eigens Prediger entsandt, welche der Bevölkerung den Glauben an die Realpräsenz der Eucharistie austreiben sollte. Gleichzeitig setzten die neuen Bischöfe, welche vom König ernannt wurden, dass *Book of Common Prayer* durch.

Mit der Krönung von Königin Mary wurde die Katholische Kirche noch einmal in ihre alten Rechte eingesetzt und erhielt ihre Besitztümer, wie z. B. die Kathedrale von Dublin, zurück. Da sich die meisten Bischöfe als "Papstanhänger" bewiesen hatten, tauschte man nur noch die Kanoniker der zurückerstatteten Kollegiatsstifte aus. Gleichzeitig wurde das *Book of Common Prayer* verboten und es geschah eine Erneuerung der katholischen Religionsausübung. Zu einer Verfolgung der Protestanten kam es nicht. Da die Reform durch die Regierung erzwungen worden war, hatte sie so gut wie keine Anhänger gefunden.

Königin Elizabeth I., die ihrer Schwester 1558 auf den Thron gefolgt war, verfolgte wieder eine antikatholische Haltung. Schon bald wurden leitende Persönlichkeiten in Irland stark überwacht. Das *Book of Common Prayer* kam erneut in Gebrauch, durfte jedoch nur in Privathäusern verwandt werden. Erst 1560 beschloss das Parlament die allgemeine und alleinige Verwendung des *Book of Common Prayer* und überwies der Krone erneut die Herrschaft über die Kirche und damit auch die Ernennung der Bischöfe. Auf Zuwiderhandlung standen Geldstrafen, Haft und

Tod.

Erneut stieß London an seine Grenzen. Bischöfe, Klerus und Volk leisteten Widerstand. Lediglich zwei Bischöfe beugten sich der Königin. Bischofsstühle konnte sie nicht besetzen, da sich in Irland niemand dazu bereit fand. Bei Vakanz wurden die Bischöfe nun sofort vom Papst ernannt, ohne es der Königin überhaupt mitzuteilen.

Bereits 1560 sandte Papst Pius V. eine Delegation nach Irland, die nicht nur die dortige Kirche visitieren, sondern auch die Namen würdiger Priester nach Rom senden sollte, welche im Falle einer Vakanz umgehend zu Bischöfen erhoben werden konnten. Da die theologische Ausbildung in Irland aber kaum noch möglich war, verließen viele Priesteramtskandidaten Irland und studierten in Rom (Italien), Löwen (Belgien) oder Frankreich.

20. Jahrhundert

Von 1937 bis 1973 genoss die Kirche eine hervorgehobene Stellung in der Verfassung der irischen Republik. Nach dem Zweiten Vatikanum hat es verschiedene Veränderungen in der Kirche gegeben. So ist normale Zivilkleidung für Priester und Ordensschwestern heute die Regel und auch viele Klöster wurden zugunsten von Niederlassungen, welche in einem Wohnhaus untergebracht sind, aufgegeben. Doch durchlebt die katholische Kirche in Irland, wie alle anderen europäischen Länder auch, zur Zeit eine Krise. Sinkende Zahlen der Gottesdienstbesucher und entsprechend sinkende Zahlen bei Priestern und Ordensleuten zeigen das Bild einer beginnenden Kirchenkrise. So verstarben 2007 160 Priester, doch gab es nur neun Priesterweihen.

Im Jahr 2009 galt die römisch-katholische Kirche in Irland als „in einer ihrer tiefsten Krisen" befindlich:[1] Nach Veröffentlichung des Ryan-Berichtes über systematischen Missbrauch in danach „Häuser des Horrors" genannten katholischen Schulen und Heimen zwischen 1940 und 1990 im Mai 2009[2] deckte Ende November 2009 der Murphy-Bericht einen Missbrauchsskandal der römisch-katholischen Kirche in Irland auf, der weltweit Beachtung fand und sich in die weltweiten Fälle von sexuellem Missbrauch in der römisch-katholischen Kirche einreiht.[1] Daraufhin entschuldigte sich Kardinal Seán Brady, Primas von Irland und Erzbischof von Armagh, mehrmals öffentlich für den jahrzehntelangen u. a. sexuellen Missbrauch.[3]

Während der Christmette traten an Heiligabend 2009 nach öffentlichem Druck und anhaltender Kritik mit Eamonn Oliver Walsh und Raymond Field der vierte und fünfte irische Bischof zurück.[1] Diarmuid Martin, Erzbischof von Dublin, forderte daraufhin in seiner Heiligabend-Predigt, „kriminelles Verhalten" müsse in jedem Fall verfolgt werden, die Erneuerung der Kirche müsse damit beginnen, dass die Vergangenheit „ernsthaft und brutal" aufgeklärt werde.[1] In den Wochen zuvor waren bereits die Bischöfe Brendan Comiskey, Donal Brendan Murray und James Moriarty von ihren Ämtern zurückgetreten.[4]

Daten

Die volkstümlich geprägte Kirche gliedert sich in vier Kirchenprovinzen, mit zusammen 26 Bistümern. In ihnen leben 4.063.000 Katholiken, 76,7 % der Bevölkerung. 3.160 Diözesan- und 1.833 Ordenspriester versorgen hier im Jahre 2002 1.367 Pfarreien, in welchen auch 8.678 Ordensschwestern leben.

Liste der Bistümer nach Kirchenprovinz

- **Kirchenprovinz Armagh**: Erzbistum Armagh, Bistum Ardagh, Bistum Clogher, Bistum Derry, Bistum Down und Connor, Bistum Dromore, Bistum Kilmore, Bistum Meath, Bistum Raphoe
- **Kirchenprovinz Cashel-Emly**: Erzbistum Cashel, Bistum Cloyne, Bistum Cork und Ross, Bistum Kerry, Bistum Killaloe, Bistum Limerick, Bistum Waterford und Lismore
- **Kirchenprovinz Dublin**: Erzbistum Dublin, Bistum Ferns, Bistum Kildare und Leighlin, Bistum Ossory
- **Kirchenprovinz Tuam**: Erzbistum Tuam, Bistum Achonry, Bistum Clonfert, Bistum Elphin, Bistum Galway und Kilmacduagh, Bistum Killala

Bischofslisten

1. Liste der Erzbischöfe von Armagh
2. Liste der Erzbischöfe von Dublin
3. Liste der Erzbischöfe von Tuam
4. Liste der Bischöfe von Clogher
5. Liste der Bischöfe von Clonfert
6. Liste der Bischöfe von Raphoe
7. Liste der Bischöfe von Waterford und Lismore

Das zentrale Organ der irischen Bischöfe ist die Irische Bischofskonferenz.

Literatur

- *Contemporary Catholicism in Ireland: A Critical Appraisal* (Taschenbuch), hrg. von John Littleton, Eamon Maher, Columbia Press, 2008, ISBN 1-85607616-4
- Eamonn Conway: "Gute und schlechte Nachrichten. Die Kirche in Irland nach einem schwierigen Jahrzehnt" In: *herder korrespondenz. monatshefte für gesellschaft und religion*, ISSN 0018-0645, j. 58 (2004), n. 1, p. 11-16
- Brian Girvin: "Church, State, and Society in Ireland since 1960" In: *Éire-Ireland* - Volume 43:1&2, Earrach/Samhradh / Spring/Summer 2008, pp. 74-98
- Tom Inglis: *Moral Monopoly: The Rise and Fall of the Catholic Church in Modern Ireland*, Univ College Dublin Press, 2nd Revised edition, 1998, ISBN 1-90062112-6
- Moira J. Maguire: "The changing face of catholic Ireland: Conservatism and Liberalism in the Ann Lovett and Kerry Babies Scandal" In: *feminist studies*. fs, ISSN 0046-3663, j. 27 (2001), n. 2, p. 335-359

Weblinks

- Homepage der Irischen Bischofskonferenz [5]
- History of the Catholic Church 1 [6], catholicity.elcore.net
- History of the Catholic Church 2 [7], catholicity.elcore.net
- History of the Catholic Church 3 [8], catholicity.elcore.net

Einzelnachweise

[1] *Sexueller Missbrauch durch Geistliche. Irische Bischöfe reichen Rücktritt ein* (nicht mehr online verfügbar). In: *tagesschau.de*, 25. Dezember 2009.

[2] Ralf Borchard: *Bericht über jahrzehntelangen Missbrauch veröffentlicht. Erschütterndes aus Irlands „Häusern des Horrors"* (nicht mehr online verfügbar). In: *tagesschau.de*, 20. Mai 2009.

[3] Martin Alioth: *Skandal in Irlands Kirche. Geschlagen, gedemütigt, vergewaltigt* (http://www.spiegel.de/panorama/gesellschaft/0,1518,626099,00.html). In: *Spiegel Online*, 20. Mai 2009. *Untersuchungsbericht. Tausende Kinder in Heimen der irischen Kirche missbraucht* (http://www.spiegel.de/panorama/gesellschaft/0,1518,626068,00.html). In: *Spiegel Online*, 20. Mai 2009. *Brady calls for change of culture* (http://www.rte.ie/news/2007/1020/bradys.html). In: *RTÉ News*, 20. Oktober 2007. Patsy McGarry: *Primate urged Cardinal Connell to drop action* (http://www.irishtimes.com/newspaper/frontpage/2008/0212/1202509701197.html). In: *The Irish Times*, 12. Februar 2008.

[4] *Missbrauchsskandal. Irische Bischöfe bieten an Heiligabend Rücktritt an* (http://www.spiegel.de/panorama/gesellschaft/0,1518,669008,00.html). In: *Spiegel Online*, 25. Dezember 2009.

[5] http://www.catholiccommunications.ie/

[6] http://catholicity.elcore.net/MacCaffrey/HCCRFR2_Chapter07.html

[7] http://catholicity.elcore.net/MacCaffrey/HCCRFR2_Chapter08.html

[8] http://catholicity.elcore.net/MacCaffrey/HCCRFR2_Chapter09.html

Article Sources and Contributors

Bistum_Kerry *Source*: http://de.wikipedia.org/w/index.php?title=Bistum_Kerry *Contributors*: AFBorchert, Fabrice Dux, MAY, MacCambridge, Th1979

Römisch-katholische_Kirche *Source*: http://de.wikipedia.org/w/index.php?title=R%C3%B6misch-katholische_Kirche *Contributors*: $traight-$hoota, 08-15, 0g1o2i3k4e5n6, 9of10, A.Ammersee, A.M., A.Savin, ADK, AHZ, Abc2005, Addicted, Adrian Suter, Agadez, Aka, AlMa77, Albinfo, Alboholic, Aleister Crowley, Alexander Orth, Alfredj, Alnilam, Altkatholik62, Anathema, Andol, AndreasStrasbourg, Andritzky, Andro96, Androl, Andrsvoss, Antrios, Anwiha, Aph, Arcy, Armin P., Arup, Asthma, Aths, Augiasstallputzer, Avoided, BKSlink, Barb, Beeluk85, Benatrevqre, Bene16, Benedikt, Bera, Bernhard Wallisch, Bhuck, Big Boss, Binter, Birger Fricke, Bjs, Björn Bornhöft, Blackybd, Blaufisch, Blenk, Bokpasa, Bremond, Brodkey65, Bru, CHG, Capaci34, Capriccio, Carol.Christiansen, CasimirC, CdaMVvWgS, Centic, Chef, ChristophDemmer, ChristophLanger, Cleante, CommonsDelinker, Complex, Conversion script, Cristof, Cryptodirum, Curtis Newton, Cyberteddy, Cyper, Cäsium137, D.Derigs, DaB., Dachris, Dai, Damian, Daniel 1992, Daniel FR, DarkScipio, DasBee, David Ludwig, Decius, Delta 51, Der Spion, Der wahre Jakob, Der.Traeumer, DerHexer, Dharion, Diba, Dietrich, Dingo, Diwas, Dodo von den Bergen, Dollarfieber, Dr. Otterbeck, Dr. Steller, DreierDominic, Dribgons, Drifty, Driverofthebluetaxi, Dschramm, Dundak, Einstückvombrot, Ekpah, Ekuah, El Conde, Elend Meister, Emes, Emil-Heinrich, Engie, Entlinkt, ErnestoZERO, Eugen Ettelt, EvaK, Exkathole, Feuerspiegel, Fg68at, Fiat jux, Fish-guts, FloSch, Forevermore, Frank Schulenburg, Franz-in-Köln (kath.), Friedrich Degenhardt, Fristu, Froggy, Fxp, GDK, GLGerman, GLGermann, Gary Dee, General Kaub, Gereon K., Gerhardvalentin, Gf1961, Giftmischer, Gilliamjf, Gleiberg, Glglgl, Graphikus, Grey Geezer, Grummthater, Guandalug, Gugganij, Gutekunst2006, Hanno Sandvik, Hans J. Castorp, Hansele, Hansgeorg60, Hardenacke, He3nry, Head, Hermannthomas, Herrick, Hgulf, Hofres, Hopsee, Horst, Horst Gräbner, Howwi, Hozro, Hubertl, Hukukçu, Hunter192, Hybridbus, Hæggis, I huck you, Iammrvip, Inkowik, Intramuros, Iokseng, Irmgard, JAF, JCIV, JWBE, Janz, Jazzman, Jbraunia, JeLuF, Jed, JenniferHailey, Jergen, Jivee Blau, Jobu0101, Johannes Gabriel, Jordi, Juengster tag, Jüppsche, Kaiser von Europa, Kaisersoft, Kalli R, Kalligraf, Kammerjaeger, Keichwa, Keks Vernichter, Kero, KingLion, Kladson, Klamser, Klapper, Korinth, Krawi, Krawin, Kritik darf sein, Krokodil, Kurt Jansson, Kurt seebauer, König Alfons der Viertelvorzwölfte, LKD, Langohr, Laubfrosch *hüpf*, Layer, Lemzwerg, Liberaler Humanist, LinDrug, Locutus1978DUS, Longoso, Luestling, Lukass90, Lukas^{23}, Lustiger seth, Lysis, Lällällällä, MAK, MAY, Macmewes, Magadan, Magnummandel, Marcu, Marcus Cyron, Mark Welfer, Marsupilami, Martin-vogel, Martinwilke1980, Matt1971, Matthäus Wander, Mbleeke, Meikel1965, MichaelB., MichaelDiederich, MickiMedia, Mihály, Millfire, MlaWU, Mmg, Moguntiner, Momo, Mopskatze, Morten Haan, Mozartzuvielenoten, Mr94, My name, Nassauer27, Nazarener, Ne discere cessa!, Negerfreund, Neuroca, Neutralisator, New European, Nicolas G., Nicolas17, Nightflyer, Niklas 555, Ninety Mile Beach, Nirakka, Nockel12, Nolispanmo, O.Koslowski, Odin, OecherAlemanne, Oetzl, Optatus v. Mileve, Osna2011, Otfried Lieberknecht, Pappenheim, PaterMcFly, PatriceNeff, Patrick G. DLG, Paul Ebermann, Peter200, Pfarrer, Pflastertreter, Phi, Philipendula, Pi mal Daumen, Pismire, Pit, Pittimann, Polarlys, Primus von Quack, Psi007, Psidium, Publik-oberberg, Q'Alex, Qaswed, Quaerens07, Quintero, RJensch, Rabanus Flavus, RacoonyRE, Randolph33, Raphael Kirchner, Raubfisch, Rauenstein, Regi51, Revolus, Revvar, Robbatt, Robert Huber, Robert Weemeyer, RobertoRSi, Roland Kaufmann, Romanm, RoswithaC, Ruud64, Rybak, S.Didam, S.K., Sachse, Saint-Louis, Sansculotte, Schewek, SchwabenBoy, Schwarzwälder, Scooter, Seewolf, Sepia, Seth Cohen, Shadowlands, Sharkxtrem, Singsangsung, Sinn, Sky82, Spartanbu, Speifensender, Sprachpfleger, Spuk968, Sr. F, Stechlin, Stefan h, Steffen, Stephan Wittich, Succu, Sven-steffen arndt, Sypholux, T.a.k., Tafkas, Taklinn, Tcp, Th1979, TheJH, TheOne19, Theol, Thomasmorus, Thule, Tiontai, Tobias1983, Tonca, Treyomo, Trg, Trigonomie, Trublu, Turbonachsichter, Turris Davidica, TuxJoe, Túrelio, U.S.Zelenka, Umweltschützen, Unscheinbar, Ureinwohner, Urgelein, Usquam, Vadis, Valtental, Varulv, Vernula deus, Volker Paix, Voyager, WAH, Wantanabe, Wasabi, Weissmann, Weiße Rose, Widlotic, Wiegand, Wiegels, Wikinger08, Wirthi, Wirus, Wolf-Dieter, Wolfgang H., Wolfgang1018, Wst, Xqt, YMS, Yakobus, Yellowcard, Yiska, Yllsen, YourEyesOnly, Zaibatsu, Zaphiro, Zeppelin26, Zerebrum, Zollernalb, °, Århus, 690 anonymous edits

Diözese *Source*: http://de.wikipedia.org/w/index.php?title=Di%C3%B6zese *Contributors*: $traight-$hoota, .Lo., 103II, A.Savin, Adrian Suter, Aka, Anathema, AndreasPraefcke, Andrsvoss, Angie, Ares33, Arup, Axpde, B.gliwa, BKSlink, Baldhur, Balû, Beckstet, Ben Ben, Ben-Zin, Bender235, Benedikt, Benowar, Besednjak, Bhuck, Boobarkee, Boonekamp, Br, BurghardRichter, Buxul, Bwag, Bürger-falk, Capriccio, Carbidfischer, Centic, Cristof, Crux, Cwagener, Damian, Decius, Demophil, Der Chronist, Der Spion, DerHexer, Docmo, Druffeler, Dyrskar, EKKi, Eastfrisian, Eickhorst, Ein Werler, Elian, Elya, Emes, Encyo, Engelbaet, Euku, Firefox13, Fish-guts, FriedrickMILBarbarossa, Fristu, Funke, Fusslkopp, Geminus, GeorgGerber, GerberAurill, Gledhill, Guidod, Harro von Wuff, Hella, Hermannthomas, Hoo man, Hreid, Hubertl, Irmgard, Jobu0101, Joey, Johnny Controletti, Josef Spindelböck, JuTa, Kereul, Konrad Lackerbeck, Koppy, Krischnig, Kwerdenker, LKD, LukeSZ, MAY, Marilyn.hanson, Martin1978, Michael Gäbler, Milomayr, Mipani, Moechen, Moguntiner, Momo, Mr94, Mschimpl, Nahabedere, Nd, NonstopReplace, Oceco, Peter Marx, Peter200, Popie, Rabanus Flavus, Raven, Romanm, Rthees, Rzuwig, SDB, Saint-Louis, Satori, Schofför, Shmuel haBalshan, Sicherlich, Sidonius, Sinn, Sommerkom, Speifensender, Stechlin, Stefan Kühn, Stefan h, StefanC, Stuffi, Suisui, The weaver, Thommess, Tillmann Lübker, Tsor, Tönjes, Ulf Heinsohn, Vernula deus, Voyager, W!B:, Wahldresdner, Weber-Grillet, Weiacher Geschichte(n), Wiegels, WikiNight, Wikipeder, Willicher, Wolfgang1018, WolfgangRieger, Wst, Wydlock, X-Weinzar, Yoursmile, Zehnfinger, Zeppelin26, Zerebrum, Zinnmann, Zumbo, 180 anonymous edits

Killarney *Source*: http://de.wikipedia.org/w/index.php?title=Killarney *Contributors*: ++gardenfriend++, Aconcagua, Ahanta, Ana al'ain, Bene16, Cadrim2000, Christian1965, Ckeen, Clemensfranz, CommonsDelinker, Cumbernauld, Dirtsc, Duebbers, Griminolbolisei, Hk kng, Hozro, JARU, JEW, Jed, JuTa, Krd, Leider, Liubico, Mef.ellingen, Mnh, Nemesixia, NiMhurchu, NordNordWest, Obi123, Ogmios, Phasenverschiebung, PhilippWeissenbacher, Pkn, Qaswa, Ramtam, Redf0x, Romeparis, SDoderer, Scherben, Schubbay, Sharkxtrem, Siehe-auch-Löscher, Sinn, Sniff, Stefan Kühn, ThoR, Topographie, Uwe Gille, XV HTV 1352, 32 anonymous edits

Irland *Source*: http://de.wikipedia.org/w/index.php?title=Irland *Contributors*: 4Frankie, AFBorchert, AKK, Abc2005, Abu el mot, Achimbodewig, Aconcagua, Adaxl, Addicted, Adlei, Adrian Lange, Aineias, Aka, Akamai, Alkab, Alleswissender, Alnilam, Aloiswuest, Amais, Ambross07, Amphibium, An-d, Andreas Baumeister, AndreasBL, AndreasPraefcke, Andrew-k, Andrsvoss, André Schneider, Anhi, Antemister, Apadu, Areta87, Armin P., Arne List, Arx, Asriel, Ataub2qf, AurinKo, Avoided, BLueFiSH.as, Badener, Bahnmoeller, Bahnpirat, Bahrmatt, Baird's Tapir, Balham Bongos, Balû, Bangin, Baronnet, Baumfreund-FFM, Bcoh, Bdk, BeHcEtSaLgIn, Bear, Ben-Velvel, Ben-Zin, BenHur, BeneErnst, Bergdohle, BerndFallert, BerndGehrmann, BesondereUmstaende, Bjoernreusch, Bjørn, Bk1981, Blaubahn, Blaufisch, Blauraum, Boory, Boshomi, Breizhatavpilamiks, Brian, Bsmuc64, BuckiausderStaad, Bücherwürmlein, CTHOE, Captain Blood, Casra, Cat1105, Catrin, ChriGer, Chring2, Christian140, Christian1965, Christos Vittoratos, Chrysemys, Chun-hian, Colin Finck, Corona Australis, Corrigo, Crux, Cusi, D, DaniCracks, Daniel 1992, Daniel Markovics, Dansker, Dapete, Datu Dong, David Liuzzo, Der.Traeumer, Derschueler, Dhi, Diba, Diogenes von Wien, Dkibilka, Dolphin.fra, Dr. Manuel, Dr. Markus Vogel, Drachentoeter, Drahreg01, Dub8lad1, Dullnraamer, Dundak, EBB, Ede1, Edia, Elian, Elvaube, Emkaer, Engie, Erasmuse, EricS, Erwin E aus U, Euphoriceyes, Exurbis67, Farino, Fedi, Felistoria, Felix Stember, Felix1411, FelixReimann, Flo71, Flominator, Florian.Keßler, Fomafix, Fortress, Foundert, Frankee 67, Frankey25, Freedomsaver, Freigut, FritzG, Fsiggi, Furfur, G.Piezinger, GNosis, Gamma9, Gary Dee, GattoVerde, Gavin.C, Geschichtsfan, Ghoffart, Giftmischer, Gilliamjf, Grabenstedt, Grundykowski, Guandalug, Gugganij, HRoestTypo, HaeB, Halbarath, Hans J. Castorp, Hardenacke, Haring, Harro von Wuff, Harry8, Haster, Head, Hedwig in Washington, Hei ber, Heinte, Helehne, Henriette Fiebig, Herr Andrax, Herrick, Hmmmmm, Hobohm, Hohenloh ger, Hoo man, Horst, Hosebei, Howwi, Hozro, HubPfalz, Hytrion, Informatico, Init, Inkowik, Intimidator, Irishcoffe, Ive Mindro, J budissin, J. Patrick Fischer, JAn Dudík, JCIV, JD, JEW, Jarah, Javaprog, Jbb, Jbo166, Jeanyfan, Jens Lang, Jentges, Jergen, JoMark, Jobu0101, Johannes XXIII., John N., Johnny Yen, Joschy, JuTa, Juergen Kullmann, Juesch, Juetho, Juhan, Jungpionier, JøMa, KaPe, Kaisersoft, Kara Königswald, Karl-Henner, Kaugummimann, Kdwnv, Kilian Pickardt, Kilon22, Kimpskrams, Knopffabrik, Knopfkind, Koenraad, Kolja21, Kolossos, Kovasun, Krawi, Kubrick, LIU, LKD, Ladenti, Lear 21, Lehnni, Leipnizkeks, Lemidi, Leuche, Liesel, Lingua Publishing, Linluh, Liubico, Livermorium, Logograph, Lou.gruber, Lukas Grossmann, Lukian, Löschfix, MAY, MBech10519, Mac, MacCambridge, Maclemo, Madden, Madonna4, Magadan, Magipulus, Magnummandel, Man77, Manie, Marc Mongenet, Mark.h, Marriex, Martin Bahmann, Martin-vogel, Martin1978, Martinwilke1980, Maru4u, Mathias Block, Matthäus Wander, Matysik, Matzematik, Maxberger, McField, McFred, Media lib, Mediocrity, Mehldau, Meister-Lampe, Mh26, Michail, Millbart, Mister redman, Mnh, Moguntiner, MonsieurRoi, Mr.bloom, Mrfreddysmith, Mrodrig, Mrquis, MsChaos, Muck31, Muffingg, NCC1291, NEXT903125, Nachtgestalt, Nephelin, Nerdi, Neun-x, Neuroca, Ngowatchtransparent, Nickomator, Nico Düsing, Nico b., Nicor, Nightflyer, Nikkis, Nils Simon, Ninjamask, O.Koslowski, Odo2004, Oisín, Ortmart, Ot, Otberg, P. Birken, PDD, Paddy, Panse, PaterMcFly, PatriceNeff, PeeCee, Pelagus, Pentachlorphenol, Perrak, Peter200, Phasenverschiebung, PhilG, Philipendula, PhilippWeissenbacher, Pit, Pittimann, Pixelfire, Plenz, Pradatsch, Prolinesurfer, Proppi, Pruefer, Qaswa, Qatan, Queryzo, RUUBYN, Rador, Ragnarök, Randolph33, Raphael Frey, Raymond, Rdb, Reclus, RedPiranha, Redf0x, Regi51, Reinhard Kraasch, Ri st, Richie, Ringfort, Robbie86, Robert M., Roger Zenner, Romanm, Roo1812, Rosch2610, Rubblesby, Rudolf Pohl, RunningGirl, Römert, SCPS, SPS, Saehrimnir, Sallynase, Sansculotte, Saxndi, Sbaitz, Schaengel89, Scherben, SchirmerPower, Schlesinger, Schnargel, Schubbay, Scooter, Scordeteyla, Sebastianjude, Seestaernli, Seewolf, SemanticMan, Sentropie, Sevenstar, Sicherlich, Silvio11, Simpsonsfan2, Sinn, Sir, Sirdon, Slimcase, Sommerkom, Southpark, Spazion, Spiiidey, Spuk968, Stauba, Steffen M., Stern, Strulf, Superbass, Sven-steffen arndt, TUBS, TVbasti, Taadma, Tankwart, Taratonga, Taurus65, ThoR, Thomas S., Thopas, Thpohl, Thunderlord, TillF, Tim.landscheidt, Timk70, Timo, Tobiasrad, Toki3001, Tolanor, TomK32, Tomakos, Tomte, Topfield, Tresckow, Trg, Triebtäter, Trinsath, TruebadiX, Träumer, Ty von Sevelingen, Tzzzpfff, Ulamm, Ulrich.fuchs, Unsterblicher, User69, Vanellus, Volker40, Voyager, WAH, WIKImaniac, WagnerAndreas, Wallabie, Webkid, Weisserd, Weissmann, Wicket, Widerborst, Wiki Gh!, Wikitom2, Willicher, Wimpernschlag, Wirtschaftswunder, Wolfgang1018, Wolfgang77, Wolfgangbeyer, Wst, Xmulzencab, Xocolatl, YMS, YourEyesOnly, Yulian, Zaphiro, Zeno Gantner, Zottmann, 628 anonymous edits

County_Kerry *Source*: http://de.wikipedia.org/w/index.php?title=County_Kerry *Contributors*: 24-online, Ahanta, Bildungsbürger, Brifrada, BuSchu, Christian1965, Clemensfranz, Crux, Cumbernauld, Der Bischof mit der E-Gitarre, DerGraueWolf, Drohhyn, Duesi, Eichendorffschule, Ein-Rat-7000, Ev, Franz Halac, Fuenfundachtzig, Furfur, GattoVerde, GroßfürstWinter, H-stt, Harry8, Immanuel Giel, JEW, Janneman, Jergen, Katty, Kjunix, Kungfuman, LIU, Liubico, Longbow4u, MacCambridge, Mazbln, Mnh, Momo, Numbo3, Ot, Parakletes, PaulaK, Peter Bensch, Peter200, PhilippWeissenbacher, Qaswa, Rauenstein, Reimmichl-212, Saehrimnir, Schlepper, Sisal13, Speleo, TUBS, ThoR, Thomas S., Thorsten.alge, Thpohl, Tobnu, Toki3001, Topographie, Voyager, W.alter, WikiJourney, Wofl, XV HTV 1352, Zaungast, Zinnmann, Zzztop, 66 anonymous edits

Synode_von_Rathbreasail *Source*: http://de.wikipedia.org/w/index.php?title=Synode_von_Rathbreasail *Contributors*: Aka, GMH, JEW, MAY, MacCambridge, Schlepper, Zweioeltanks, 1 anonymous edits

Reformation *Source*: http://de.wikipedia.org/w/index.php?title=Reformation *Contributors*: ++gardenfriend++, 217, 32X, 44Pinguine, A.Savin, Aka, Aktions, Alex1011, Alexander.stohr, Alfons2, Alnilam, Amras wi, An-d, Andre Engels, Andreas aus Hamburg in Berlin, AndreasPraefcke, AnhaltER1960, Ardo Beltz, Aristeides, Armin P., Avoided, Ben-Zin, Benatrevqre, Benedikt, Berihert, Bhuck, BijR, Blaubahn, Blaumaler, Bondom, Boonekamp, Brian, Buteo, ChoG, ChristophLanger, Chrugail, Church of emacs, Conny, Cosal, Cymothoa exigua, D, Daniel 1992,

Danskala, Dansker, Delfin, Delian, Der wahre Jakob, Der.Traeumer, DerHexer, Derschueler, DeutGeschichte, Diba, Dingo, Dirk Stegemann, Donkey shot, Dorothea, Drahtloser, Drifty, El, El Matzos, ElRaki, Elchbauer, Elegantia, Elian, Emkaer, Engie, Entlinkt, Erfurter63, ErikDunsing, Eruendil, Erusx, FCN Sebi, Fabi569377, Farbenpracht, Feetjen, Felix König, Fingalo, Fit, Flea, Flominator, Fmsbw, Francis McLloyd, Fristu, G, G. Vornbäumer, Gary Dee, Gerhard51, Gerhardvalentin, Gilliamjf, Gleiberg, Gnu1742, Godewind, GregorHelms, Grindinger, Gudrun Meyer, HAL Neuntausend, HHill, HaeB, Hagrid, Hallo.hallo123, Hans J. Castorp, Hardenacke, He3nry, Heizer, Hejkal, Herr Lennartz, Herrick, Hfudfdb, Hhb, Hilarmont, Histo, Hoo man, Horst Gräbner, Howwi, Hubertl, Hybridbus, Hydro, Hytrion, ISBN, Inkowik, Ireas, Irmgard, Ixitixel, JPP, Jakob5, Jed, Jergen, Jivee Blau, Jodo, Johanna R., Johnny Controletti, JuTa, Juliabackhausen, Julius Himmler, Jxr, Jyp, Kaisersoft, Kam Solusar, Kanti, Karl-Henner, Kero, Kh80, Kku, Knopffabrik, Koerpertraining, Kresspahl, Krtek76, Kubrick, Kurpälzer, LKD, La Corona, Langec, Lebe-jetzt, Lecartia, Leichtbau, Leser, Littl, Lley, Logograph, Lonewolf, LuisDeLirio, Lukas²³, Lumpeseggl, M.L, MAK, MAY, MFM, Mafiaboss, Magnummandel, Magnus, Magnus Manske, Mangarocca, Manjel, Manu b, Mario todte, MarkusHagenlocher, Martin Wolfangel, Maseltov, Memmingen, Mh26, Michael Nikodemus, Mikue, Mink95, Momo, MvBarracuda, Mvb, NeverDoING, Nikkis, Ninahotzenplotz, Nixred, Nocturne, Numbo3, OecherAlemanne, Olaf Simons, Oliver H., Ondori, OsGr, Paebi, Pappenheim, Paramecium, Parpan05, PaulBommel, Peter200, Pfarrer, Phi, Philipendula, Phrood, Pischdi, Pittimann, Plasmagunman, Polarlys, Popie, Qelle, QualiStattQuanti, Quedel, Quirin, Rabanus Flavus, Randolph33, Raven, Rax, Rebeccaemily, Regi51, Reinhard Kraasch, Reinidererste, Rlbberlin, Robb, Robert 68, Robodoc, Rufus46, SPS, STBR, Sa-se 2, Sabbue, Saint-Louis, Schewek, Schildkröte89, Seewolf, Semperor, Sheepshaun, Shelog, Sidonius, Sk!d, Skalarido, Skäpperöd, Small Axe, Sneecs, Sockenpuppe 23 from outer space, Sonnenwind, Sophia4justice, Spuk968, Steak, Stefan Kühn, Sundar1, Swotza, Symposiarch, Taxiarchos228, Tegenaria, Terabyte, Terfili, Testtube, The guy, TheK, ThomasMuentzer, Torsten Schleese, Trixium, Tsor, UW, Ubsrw, Umweltschützen, Usquam, VerfassungsschutzBB, VerwaisterArtikel, Vonsoeckchen, WAH, Wayne stoertz, Weiacher Geschichte(n), Wen95, Wheeke, WhiteHotaru, Wolfgang K, Wolfgang1018, Wolfhardt, Wst, Wurgl, YourEyesOnly, Zumbo, °, 334 anonymous edits

Anglikanische_Gemeinschaft *Source*: http://de.wikipedia.org/w/index.php?title=Anglikanische_Gemeinschaft *Contributors*: $traight-$hoota, Abaluma, Adomnan, Agadez, Aka, Alexandra Movtchaniouk, Alfred Nobel, Alte Schule, Altkatholik62, An-d, Anathema, Angr, Anwiha, Armin P., Ath, Athome, Benatrevqre, Bene16, Bergelmir, Bernburgerin, Bernhard Wallisch, Bhuck, Br, Braveheart, BurghardRichter, Burns, CHG, Cartinal, Cezary Bazydlo, Chrisfrenzel, Christianus, Christoph v. ehrenstein, Cologinux, Concord, Conversion script, Corcoran, Crocidura, CruZer, Cruks, Crux, Cymothoa exigua, Cyper, D, Damian, Darina, Der.Traeumer, DerLeguan, Diba, Dnaber, Duhon, ElRaki, Elian, Ellard38, Felix König, Felix Stember, Fish-guts, Flominator, FlügelRad, Francis McLloyd, Francoloco, Frantisek, Franz Halac, Fristu, Fritz-Henry, Fusslkopp, GLGerman, GLGermann, Gary Dee, Gugganij, HaSee, HaeB, Hampi2304, Hansele, Hardenacke, He3nry, Heletz, Henning M, Heraklitcnl, Herr von Quack und zu Bornhöft, Horst Gräbner, Hreid, Hybridbus, IMGallagher, Inkowik, Irmgard, Iste Praetor, JCIV, JEW, JFeldes, Jankonrad, Jergen, Julez A., KaHe, Keksmeister, Killa811, Korinth, Kurdirektor, Kurt Jansson, König Alfons der Viertelvorzwölfte, Lanoman, Leider, Leki, Littleowl, Liuthalas, Löschfix, MAY, Magnummandel, Maikel, Manecke, MarkusHagenlocher, Maru67, Maruschka, Mathetes, Mdhope, Mikue, Moguntiner, Mottentanz, Nerd, Nightflyer, Nikai, Nikkis, Numinosus, Oberlaender, OecherAlemanne, Oenie, Ora Unu, Otto Normalverbraucher, PG64, Peter200, Philipendula, Pit, Pittimann, Pjacobi, Quaerens07, Qwqchris, Rabanus Flavus, Randolph33, Raubfisch, Rcotton, Rechtschreibkontrolle, Regi51, Reinhard Kraasch, Roterraecher, Rufus46, S2cchst, STBR, Sabata, Saemikneu, Saint-Louis, Schewek, Schuerrer, Schwab7000, Seewolf, Seither, Shadak, Sinn, Small Axe, Son sonson, Spuk968, Sputnik, Stefan Volk, Taratonga, TeesJ, Terabyte, Th1979, Theologeowl, Thomas, Tobi B., Tobias1983, Tom-Hoellthaler, Tonk, Triebtäter, Tunc, Tönjes, Ute Erb, Vickypedia, Voyager, Waschl87, Wicket, Wiegels, Wolfgang1018, Wst, Xqt, YourEyesOnly, Zenit, Zumbo, 265 anonymous edits

Image Sources, Licenses and Contributors

Bild:Province of Cashel and Emly.png *Source*: http://de.wikipedia.org/w/index.php?title=Datei:Province_of_Cashel_and_Emly.png *License*: unknown *Contributors*: self-created

Datei:KillarneyCathedral840.jpg *Source*: http://de.wikipedia.org/w/index.php?title=Datei:KillarneyCathedral840.jpg *License*: unknown *Contributors*: AFBorchert, Alupus, Croberto68, David Edgar, Madmedea

Datei:Ardfert Cathedral3.JPG *Source*: http://de.wikipedia.org/w/index.php?title=Datei:Ardfert_Cathedral3.JPG *License*: unknown *Contributors*: User:Chris06

Datei:BentoXVI-30-10052007.jpg *Source*: http://de.wikipedia.org/w/index.php?title=Datei:BentoXVI-30-10052007.jpg *License*: unknown *Contributors*: Fabio Pozzebom/ABr

Datei:St. Peter's Basilica Facade, Rome, June 2004.jpg *Source*: http://de.wikipedia.org/w/index.php?title=Datei:St._Peter's_Basilica_Facade,_Rome,_June_2004.jpg *License*: unknown *Contributors*: DenghiùComm, Gugganij, Kurpfalzbilder.de, Ranveig, Rosarinagazo, Tano4595, TomAlt, Warburg, 2 anonymous edits

Datei:Pope-peter pprubens.jpg *Source*: http://de.wikipedia.org/w/index.php?title=Datei:Pope-peter_pprubens.jpg *License*: unknown *Contributors*: Alexcoldcasefan, Alno, Bukk, Carolus, Evrik, Innotata, Jacklee, JuTa, Kairios, Kgyt, Kilom691, Mattes, Shakko, Vincent Steenberg, Xenophon, 1 anonymous edits

Datei:Bouguereau The Virgin With Angels.jpg *Source*: http://de.wikipedia.org/w/index.php?title=Datei:Bouguereau_The_Virgin_With_Angels.jpg *License*: unknown *Contributors*: AndreasPraefcke, Boo-Boo Baroo, Hsarrazin, Man vyi, Mattes, Neitram, OldakQuill, Olivier2, Phrood, Ray9, Shakko, TFCforever, Wmpearl

Datei:Catholic population.svg *Source*: http://de.wikipedia.org/w/index.php?title=Datei:Catholic_population.svg *License*: unknown *Contributors*: User:Fibonacci

Datei:Julian Barrio Barrio.jpg *Source*: http://de.wikipedia.org/w/index.php?title=Datei:Julian_Barrio_Barrio.jpg *License*: unknown *Contributors*: Dierk Andresen, The weaver

Datei:Deutschland Kirchenprovinzen kath.png *Source*: http://de.wikipedia.org/w/index.php?title=Datei:Deutschland_Kirchenprovinzen_kath.png *License*: unknown *Contributors*: Autor:

Datei:Oesterreich_kirchenprovinzen.png *Source*: http://de.wikipedia.org/w/index.php?title=Datei:Oesterreich_kirchenprovinzen.png *License*: unknown *Contributors*: Hreid, W!B:

Datei:Bistuemer CH 2006.png *Source*: http://de.wikipedia.org/w/index.php?title=Datei:Bistuemer_CH_2006.png *License*: unknown *Contributors*: User:Sidonius

Datei:BelgischeBisdommen.png *Source*: http://de.wikipedia.org/w/index.php?title=Datei:BelgischeBisdommen.png *License*: unknown *Contributors*: User:Jvhoppli

Datei:Killarney_coat_of_arms.png *Source*: http://de.wikipedia.org/w/index.php?title=Datei:Killarney_coat_of_arms.png *License*: unknown *Contributors*: Asarlaí, Chatsam, Magul, Massimop, Stabilo boss

Datei:Ireland location map.svg *Source*: http://de.wikipedia.org/w/index.php?title=Datei:Ireland_location_map.svg *License*: unknown *Contributors*: User:NordNordWest

Datei:Killarney 2.jpg *Source*: http://de.wikipedia.org/w/index.php?title=Datei:Killarney_2.jpg *License*: unknown *Contributors*: Original uploader was Duebbers at de.wikipedia

Datei:Killarney Cathedral by Paride.JPG *Source*: http://de.wikipedia.org/w/index.php?title=Datei:Killarney_Cathedral_by_Paride.JPG *License*: unknown *Contributors*: User:Romeparis

Datei:Killarney Lakes november.jpg *Source*: http://de.wikipedia.org/w/index.php?title=Datei:Killarney_Lakes_november.jpg *License*: unknown *Contributors*: FlickreviewR, Jibi44, Kanchelskis

Datei:Lakes of killarney.jpg *Source*: http://de.wikipedia.org/w/index.php?title=Datei:Lakes_of_killarney.jpg *License*: unknown *Contributors*: User:Kglavin

Datei:Flag of Ireland.svg *Source*: http://de.wikipedia.org/w/index.php?title=Datei:Flag_of_Ireland.svg *License*: unknown *Contributors*: User:SKopp

Datei:Coat_of_arms_of_Ireland.svg *Source*: http://de.wikipedia.org/w/index.php?title=Datei:Coat_of_arms_of_Ireland.svg *License*: unknown *Contributors*: User:Tonyjeff

Bild:Ireland in European Union.svg *Source*: http://de.wikipedia.org/w/index.php?title=Datei:Ireland_in_European_Union.svg *License*: unknown *Contributors*: TUBS

Datei:Cliffs of Moher, Clare.jpg *Source*: http://de.wikipedia.org/w/index.php?title=Datei:Cliffs_of_Moher,_Clare.jpg *License*: unknown *Contributors*: AtomicPuppy

Datei:Lough-lene1.jpg *Source*: http://de.wikipedia.org/w/index.php?title=Datei:Lough-lene1.jpg *License*: unknown *Contributors*: Original uploader was De burgo at en.wikipedia

Datei:Dublin O'Connell Street2.jpg *Source*: http://de.wikipedia.org/w/index.php?title=Datei:Dublin_O'Connell_Street2.jpg *License*: unknown *Contributors*: User:Robzle

Datei:Michael d higgins.jpg *Source*: http://de.wikipedia.org/w/index.php?title=Datei:Michael_d_higgins.jpg *License*: unknown *Contributors*: The Irish Labour Party

Datei:Government Buildings, Dublin.jpg *Source*: http://de.wikipedia.org/w/index.php?title=Datei:Government_Buildings,_Dublin.jpg *License*: unknown *Contributors*: Ardfern, Look2See1, Mike Peel, YvonneM

Datei:Dublin Ireland Night.JPG *Source*: http://de.wikipedia.org/w/index.php?title=Datei:Dublin_Ireland_Night.JPG *License*: unknown *Contributors*: Harp, Kajk, TomAlt, 2 anonymous edits

Datei:Euro accession.svg *Source*: http://de.wikipedia.org/w/index.php?title=Datei:Euro_accession.svg *License*: unknown *Contributors*: User:Miraceti

Datei:DublinAirportfromtheair.jpg *Source*: http://de.wikipedia.org/w/index.php?title=Datei:DublinAirportfromtheair.jpg *License*: unknown *Contributors*: Sue Mischyshyn

Datei:DublinPort.jpg *Source*: http://de.wikipedia.org/w/index.php?title=Datei:DublinPort.jpg *License*: unknown *Contributors*: User:N. Johannes

Datei:Irland_karte.png *Source*: http://de.wikipedia.org/w/index.php?title=Datei:Irland_karte.png *License*: unknown *Contributors*: Roger Zenner

Datei:Uccquadrangle.jpg *Source*: http://de.wikipedia.org/w/index.php?title=Datei:Uccquadrangle.jpg *License*: unknown *Contributors*: Paul Egan

Datei:Portal.svg *Source*: http://de.wikipedia.org/w/index.php?title=Datei:Portal.svg *License*: unknown *Contributors*: User:Bitplane, User:Pepetps

Bild:Kerry in Ireland.svg *Source*: http://de.wikipedia.org/w/index.php?title=Datei:Kerry_in_Ireland.svg *License*: unknown *Contributors*: TUBS

Datei:Skellig Michael.jpg *Source*: http://de.wikipedia.org/w/index.php?title=Datei:Skellig_Michael.jpg *License*: unknown *Contributors*: User:Gdr

Datei:KillarneyNationalpark 4.jpg *Source*: http://de.wikipedia.org/w/index.php?title=Datei:KillarneyNationalpark_4.jpg *License*: unknown *Contributors*: Benutzer:BirgitLachner

Datei:Banna strand.jpg *Source*: http://de.wikipedia.org/w/index.php?title=Datei:Banna_strand.jpg *License*: unknown *Contributors*: Ardfern, Kglavin

Datei:HolyRomanEmpire 1618.png *Source*: http://de.wikipedia.org/w/index.php?title=Datei:HolyRomanEmpire_1618.png *License*: unknown *Contributors*: User:ziegelbrenner

Datei:Holbein-Erasmus.jpg *Source*: http://de.wikipedia.org/w/index.php?title=Datei:Holbein-Erasmus.jpg *License*: unknown *Contributors*: Auntof6, Bukk, Ecummenic, Kürschner, Marcus Cyron, Mayer Bruno, Mogelzahn, Sailko, Shakko

Datei:Tizian 066.jpg *Source*: http://de.wikipedia.org/w/index.php?title=Datei:Tizian_066.jpg *License*: unknown *Contributors*: 32X, AndreasPraefcke, Auntof6, Bukk, Cirt, Darwinius, EDUCA33E, Ecummenic, Emijrp, Gryffindor, Joseolgon, Kazkaskazkasako, Kürschner, Mattes, Michail, Sailko, Shakko, Webaware, 2 anonymous edits

Datei:Wolgemut - 1493 - tanz der gerippe.jpg *Source*: http://de.wikipedia.org/w/index.php?title=Datei:Wolgemut_-_1493_-_tanz_der_gerippe.jpg *License*: unknown *Contributors*: Bullenwächter, Simplicius, Wst, 2 anonymous edits

Datei:Das Jüngste Gericht (Memling).jpg *Source*: http://de.wikipedia.org/w/index.php?title=Datei:Das_Jüngste_Gericht_(Memling).jpg *License*: unknown *Contributors*: Amadalvarez, BurgererSF, Cherubino, EDUCA33E, Mattis, Sailko, Shakko, Stomme, Xenophon, 1 anonymous edits

Datei:John Wycliffe.jpg *Source*: http://de.wikipedia.org/w/index.php?title=Datei:John_Wycliffe.jpg *License*: unknown *Contributors*: Thomas Kirkby (1775-ca. 1847)

Datei:Jan Hus 2.jpg *Source*: http://de.wikipedia.org/w/index.php?title=Datei:Jan_Hus_2.jpg *License*: unknown *Contributors*: Original uploader was Werther W at it.wikipedia Original uploader to was

Datei:Martin Luther by Lucas Cranach der Ältere.jpeg *Source*: http://de.wikipedia.org/w/index.php?title=Datei:Martin_Luther_by_Lucas_Cranach_der_Ältere.jpeg *License*: unknown *Contributors*: 1970gemini, Aavindraa, Avatar, Con2tto, DaTroll, Dr. Shaggeman, Ecummenic, FA2010, Interpretix, Krinkle, Mattes, Miya, Origamiemensch, Pomfuttge, Quadell, Rosenzweig, Sailko, Semnoz, Shakko, Túrelio, Warburg, Wst, Ævar Arnfjörð Bjarmason, 4 anonymous edits

Datei:CranachAlbrechtBrandenburg.jpg *Source*: http://de.wikipedia.org/w/index.php?title=Datei:CranachAlbrechtBrandenburg.jpg *License*: unknown *Contributors*: CTSWyneken, EvaK, Hansele, Juiced lemon, Shakko, Torsten Schleese

Datei:95Thesen.jpg *Source*: http://de.wikipedia.org/w/index.php?title=Datei:95Thesen.jpg *License*: unknown *Contributors*: Wittenberg: Melchior Lotter d.J., 1522

Datei:Leipziger Disputation.jpg *Source*: http://de.wikipedia.org/w/index.php?title=Datei:Leipziger_Disputation.jpg *License*: unknown *Contributors*: Julo, Wst

Datei:Christlicher-Adel-de.jpg *Source*: http://de.wikipedia.org/w/index.php?title=Datei:Christlicher-Adel-de.jpg *License*: unknown *Contributors*: ++gardenfriend++, Torsten Schleese, 4 anonymous edits

Datei:Luther1.jpg *Source*: http://de.wikipedia.org/w/index.php?title=Datei:Luther1.jpg *License*: unknown *Contributors*: User:ims

Datei:Luther-in-Worms-auf-Rt.jpg *Source*: http://de.wikipedia.org/w/index.php?title=Datei:Luther-in-Worms-auf-Rt.jpg *License*: unknown *Contributors*: Beek100, Concord, Interpretix, Kürschner, Man vyi, Skipjack, Torsten Schleese, Wst, Xenophon, 1 anonymous edits

Datei:Wartburg2004.JPG *Source*: http://de.wikipedia.org/w/index.php?title=Datei:Wartburg2004.JPG *License*: unknown *Contributors*: User:Thomas doerfer

Datei:Lutherbibel.jpg *Source*: http://de.wikipedia.org/w/index.php?title=Datei:Lutherbibel.jpg *License*: unknown *Contributors*: User:Torsten Schleese

Datei:Thomas Muentzer.jpg *Source*: http://de.wikipedia.org/w/index.php?title=Datei:Thomas_Muentzer.jpg *License*: unknown *Contributors*: Christoph van Sichem

Datei:Titelseite Schleitheimer Artikel.jpg *Source*: http://de.wikipedia.org/w/index.php?title=Datei:Titelseite_Schleitheimer_Artikel.jpg *License*: unknown *Contributors*: Achird, Magadan, Wst

Datei:Gedaechtniskirche Speyer Sued.jpg *Source*: http://de.wikipedia.org/w/index.php?title=Datei:Gedaechtniskirche_Speyer_Sued.jpg *License*: unknown *Contributors*: User:Immanuel Giel

Datei:FrancisIFrance.jpg *Source*: http://de.wikipedia.org/w/index.php?title=Datei:FrancisIFrance.jpg *License*: unknown *Contributors*: Beria, Bibi Saint-Pol, Deadstar, Ecummenic, Foroa, Jacklee, Karldupart, Larucio, Louis le Grand, Maksim, Muriel Gottrop, Siebrand, VIGNERON, Warburg, Zolo, 2 anonymous edits

Datei:Bartholomaeusnacht.jpg *Source*: http://de.wikipedia.org/w/index.php?title=Datei:Bartholomaeusnacht.jpg *License*: unknown *Contributors*: Agp, Akkakk, Bwag, ChristianBier

Datei:Map Anglican Communion.svg *Source*: http://de.wikipedia.org/w/index.php?title=Datei:Map_Anglican_Communion.svg *License*: unknown *Contributors*: User:Canuckguy

Datei:All Saints Church, Köln-Marienburg.jpg *Source*: http://de.wikipedia.org/w/index.php?title=Datei:All_Saints_Church,_Köln-Marienburg.jpg *License*: unknown *Contributors*: User:Duhon

Bild:Province of Cashel and Emly (blank).png *Source*: http://de.wikipedia.org/w/index.php?title=Datei:Province_of_Cashel_and_Emly_(blank).png *License*: unknown *Contributors*: self-created

Datei:Thurles Cathedral SE 2012 09 06.jpg *Source*: http://de.wikipedia.org/w/index.php?title=Datei:Thurles_Cathedral_SE_2012_09_06.jpg *License*: unknown *Contributors*: AFBorchert

Datei:Limerick.Shield.png *Source*: http://de.wikipedia.org/w/index.php?title=Datei:Limerick.Shield.png *License*: unknown *Contributors*: Original uploader was Djegan at en.wikipedia Later version(s) were uploaded by Seabhcan at en.wikipedia.

Bild:StJohnsCastleLimerick.jpg *Source*: http://de.wikipedia.org/w/index.php?title=Datei:StJohnsCastleLimerick.jpg *License*: unknown *Contributors*: D Johnston

Datei:Limerick Stich 1840.jpg *Source*: http://de.wikipedia.org/w/index.php?title=Datei:Limerick_Stich_1840.jpg *License*: unknown *Contributors*: , Stich:

Datei:Learscail Luimni.jpg *Source*: http://de.wikipedia.org/w/index.php?title=Datei:Learscail_Luimni.jpg *License*: unknown *Contributors*: Draceane, Kilom691, Sean an Scuab

Datei:Cross-Patonce-Heraldry.svg *Source*: http://de.wikipedia.org/w/index.php?title=Datei:Cross-Patonce-Heraldry.svg *License*: unknown *Contributors*: AnonMoos, Fred the Oyster, Lokal Profil, Maxxl2, Melian, Wst

Datei:IRL COA Limerick.svg *Source*: http://de.wikipedia.org/w/index.php?title=Datei:IRL_COA_Limerick.svg *License*: unknown *Contributors*: User:johnny97

Datei:Sr Maigh Eala.jpg *Source*: http://de.wikipedia.org/w/index.php?title=Datei:Sr_Maigh_Eala.jpg *License*: unknown *Contributors*: Ardfern, Sean an Scuab, Túrelio

Datei:LimerickCICathedral.jpg *Source*: http://de.wikipedia.org/w/index.php?title=Datei:LimerickCICathedral.jpg *License*: unknown *Contributors*: User:JohnArmagh

Datei:LimerickRCCathedral.jpg *Source*: http://de.wikipedia.org/w/index.php?title=Datei:LimerickRCCathedral.jpg *License*: unknown *Contributors*: User:JohnArmagh

Datei:Limerick006.jpg *Source*: http://de.wikipedia.org/w/index.php?title=Datei:Limerick006.jpg *License*: unknown *Contributors*: fitm

Datei:Flag of France.svg *Source*: http://de.wikipedia.org/w/index.php?title=Datei:Flag_of_France.svg *License*: unknown *Contributors*: User:SKopp, User:SKopp, User:SKopp, User:SKopp, User:SKopp, User:SKopp

Datei:Flag of the United States (Pantone).svg *Source*: http://de.wikipedia.org/w/index.php?title=Datei:Flag_of_the_United_States_(Pantone).svg *License*: unknown *Contributors*: User:Dbenbenn, User:Indolences, User:Jacobolus, User:Technion, User:Zscout370

Bild:ArchdioceseDublin.png *Source*: http://de.wikipedia.org/w/index.php?title=Datei:ArchdioceseDublin.png *License*: unknown *Contributors*: User:Avemundi

Datei:Procath.jpg *Source*: http://de.wikipedia.org/w/index.php?title=Datei:Procath.jpg *License*: unknown *Contributors*: Original uploader was Jtdirl at en.wikipedia

Bild:ArchdioceseArmagh.png *Source*: http://de.wikipedia.org/w/index.php?title=Datei:ArchdioceseArmagh.png *License*: unknown *Contributors*: User:Avemundi

Datei:StPatsRCCathedralArmagh.jpg *Source*: http://de.wikipedia.org/w/index.php?title=Datei:StPatsRCCathedralArmagh.jpg *License*: unknown *Contributors*: original uploader was Baronplantagenet at en.wikipedia

Bild:ArchdioceseTuam.png *Source*: http://de.wikipedia.org/w/index.php?title=Datei:ArchdioceseTuam.png *License*: unknown *Contributors*: User:Avemundi

Datei:TuamRCCathedral-2.jpg *Source*: http://de.wikipedia.org/w/index.php?title=Datei:TuamRCCathedral-2.jpg *License*: unknown *Contributors*: User:JohnArmagh, User:Rabanus Flavus

Datei:Monaco andante.JPG *Source*: http://de.wikipedia.org/w/index.php?title=Datei:Monaco_andante.JPG *License*: unknown *Contributors*: User:Parpan05

Bild:Inside Cologne Cathedral.jpg *Source*: http://de.wikipedia.org/w/index.php?title=Datei:Inside_Cologne_Cathedral.jpg *License*: unknown *Contributors*: User:Daniel

Bild:Unchurch.jpg *Source*: http://de.wikipedia.org/w/index.php?title=Datei:Unchurch.jpg *License*: unknown *Contributors*: AnRo0002, Gugganij, Mogelzahn, NeverDoING, Petrus Adamus

Image:Cathedral organ of killarney by paride.jpg *Source*: http://de.wikipedia.org/w/index.php?title=Datei:Cathedral_organ_of_killarney_by_paride.jpg *License*: unknown *Contributors*: User:Romeparis

Image:Window of Killarney Cathedral by Paride.JPG.jpg *Source*: http://de.wikipedia.org/w/index.php?title=Datei:Window_of_Killarney_Cathedral_by_Paride.JPG.jpg *License*: unknown *Contributors*: User:Romeparis

Image:Left chapel of the cathedral of killerney by paride.jpg *Source*: http://de.wikipedia.org/w/index.php?title=Datei:Left_chapel_of_the_cathedral_of_killerney_by_paride.jpg *License*: unknown *Contributors*: User:Romeparis

Datei:3b01479r.jpg *Source*: http://de.wikipedia.org/w/index.php?title=Datei:3b01479r.jpg *License*: unknown *Contributors*: Akkakk, Axtmörder, Crux, Wikipeder

File:Nuns_koeln.JPG *Source*: http://de.wikipedia.org/w/index.php?title=Datei:Nuns_koeln.JPG *License*: unknown *Contributors*: User:Homayonifar

MIX
Papier aus verantwortungsvollen Quellen
Paper from responsible sources
FSC® C105338

Printed by Books on Demand GmbH, Norderstedt / Germany